电子科学与工程系列图书

精通 LED 照明

Understanding LED Illumination

［美］M. 妮萨·卡恩（M. Nisa Khan） 著

郑晓东　金如翔　吕玮阁　等译

机 械 工 业 出 版 社

提到 LED 照明，人们谈论最多的是其突出的电光转换效率，较少提及它所能实现的照明质量或品质。而作为和观察者心理感受密切相关的照明质量，绝不是仅仅用高光效一个参数所能涵盖的。作为资深的半导体专家，同时又是照明设计顾问，作者从照明的历史开始，全面介绍了 LED 照明所需要的基础知识，详细描述了 LED 器件、模组、灯具的基本构成，发光器件及灯具照明特性的表征及测量方法，现有 LED 灯具设计中存在的技术问题以及如何改进才能够实现更高品质的照明。

　　本书可供从事 LED 灯具设计、照明设计与应用、灯具测试管理以及相关研究方向的高年级本科生、研究生及专业人士阅读，无论是刚入行的新手还是照明领域的资深专家都可从中获益。

译 者 序

关于 LED 照明，市面上相关的图书已经有不少，但这本书仍旧从一个独特的视角填补了大部分本专业图书所留出的空白。正如罗格斯大学教授 Feldman 博士评论的："在一个不断增长的领域，这本书弥补了一些独特的需求。作者讨论了颜色混合、色彩渲染和三维（3D）照明等标准教科书中所没有的重要问题。"通常，我们仅仅将 LED 作为一种发光效率很高的新型光源，却忽略了这种光源与传统光源之间的本质区别，即其完全不同于其他所有光源的平面发光特性。

长期以来，照明领域形成了自己独有的话语体系，随着半导体照明的兴起，大量行业外人士参与到照明行业中来，他们中的许多有识之士已经意识到传统照明评价体系中存在的一些问题，但苦于无法上升到理论的高度将问题阐述清楚。本书作者 M. Nisa Khan 不仅是一位资深的半导体光电器件专家，还自己创办了一家 LED 照明领域的研究和工程公司，同时又是《时代标志》杂志中"LED 最新进展"栏目的专栏作家。正是由于她同时精通 LED 的器件制造，又了解实际的应用需求，本书讨论了其他半导体照明图书中没有涉及的问题，并给出了一些建议性的解决方案。当然，由于半导体照明技术发展如此之快，书中用以说明问题的一些数据可能已经过时了，但其所揭示的一些问题仍旧远未全部解决。作者特别强调要根据具体的应用需要进行照明设计，重视三维照明，这些都为照明工程理论本身的发展和完善提出了新的方向。

本书的翻译工作主要由郑晓东、金如翔、吕玮阁完成。金如翔负责文前部分及第 1、2 章，吕玮阁负责第 4、5 章，郑晓东负责第 3、6、7 章以及全书的审核定稿工作。在翻译过程中吕东晟、吴婉洁、李华兵、茹毅、李艳宾、龚启航等几位同学协助完成了不少术语的核查、校对工作及部分内容的翻译，谨在此表示衷心感谢！

本书涉猎内容较广，由于时间仓促，译者水平有限，书中一定会有疏漏和错误未在定稿时发现，敬请广大读者批评指正。

译者

原书前言

近年来，由于发光二极管（LED）灯得到了快速而显著的改进，照明领域变得非常活跃。这些快速发展归功于许多为之献身的科学家、工程师和学者。这些人意识到了全球照明消费能够带来的巨大节能潜力。LED灯也引起了许多照明设计师和娱乐产业的注意，因为其既能够发出白光，也能发出可见光谱中的各种单色光。它们的发光特性可由电子器件控制，以产生各种不同的照明效果以及全色视频图像。固态电子器件已因其灵活性、效率和可大规模生产能力改变了世界。固态照明也可以改变照明行业吗？要让LED照明成为主流需要哪些条件？

不是简单地与电子器件类比，对前景作深度研究才能更好地回答这些问题。要制造好节能的固态照明产品并美化我们的环境，必须对不同照明应用中LED灯和照明设备在设计、技术参数和量化数据方面有深入的理解。作者的意图就是提供这样一个全面的理解，而不忽略照明用于提升情感的美学本质。本书的意图是帮助照明设计师消除对固态照明的神秘感，同时帮助LED科学家和工程师有效地设计他们的产品以提供高质量的照明。

大多数LED科学家和工程师日常都忙于严格的半导体物理、材料和光电器件工程工作。可以理解，对于多数这样的专家来说，很少有人能集中精力研究照明的所有方面。然而，一个追求最终照明灯具效果的LED工程师还是需要从照明的角度来全面考虑所有问题。因此，理解并欣赏照明的基本原理和照明标准，对于一个LED灯和照明灯具的开发者来说非常重要。在照明工业中，尽管照明科学家和设计师对照明的理解和鉴赏高于传统的LED工程师和科学家，但他们对LED科学和技术的复杂性并不熟悉。因此，一般说来他们无法对通用照明LED灯的开发做出贡献。为了帮助这两个群体，很多定义和描述被限于相当基础性的水平，以便为读者提供一个比较容易而又广泛的对光和LED照明科学的理解。作者的意图是对LED照明技术的优势、劣势和瓶颈做出一个全面的描述。

固态照明工业在过去几年中取得了很大的进步，主要集中在改进灯的效率和颜色质量，使之在多个应用领域能够匹配甚至超越荧光灯技术。仍需创新改进的领域是扩展照明尺度和改进光分布特性。本书通过聚焦于通用照明应用中LED光源的光传输和分布特性来探讨这些需求。本书采用了照明行业所接受的所有通用术语来描述设计师所创造且为用户所欣赏的理想居住空间照明效果。本书描述了从LED灯产生大面积散射光的现有方法和作者自己的方法。要想在通用照明应用中成为实用的替换灯具，LED照明装置必须利用折射光学或集成光学之类的辅助光学方法来分配和扩展光的分布，以达到人们所需要的、和现有灯具相当的大空间照明效果。

本书的前3章讨论照明基础和技术，随后讨论LED科学和技术——首先在器件层面，然后在模组和照明灯具层面。第4章用标准的光度学和色度学语言，给出灯具综合、全面的测量和表征。第5章讨论LED灯具设计和面对现有挑战，在不同应用中的适用性。第6章讨论照明理论和仿真技术，用以辨别LED和其他灯具在照明特性方面的不同；这些结果随后被用于一个全向LED灯的新型设计。在最后一章，对几个家庭和商业照明用LED替换灯的特性进行了表述，并讨论了一个改进直管型LED替换灯的新型设计方案。作为一个普遍的主题，本书试图纠正一些对LED光源常见的误解——这对LED行业非常必要。

作者期望本书特别有益于LED和照明行业的专家和教师，尤其考虑了来自各行各业、致力于LED照明产品开发的科研人员、工程师和技术人员。它写给需要通晓照明原理并将这些知识应用于LED灯设计的工程专业教职人员、工程专业研究生和高年级本科生以及工程师和科研人员。

非光学和照明专业出身，但对学习照明、能量效率和减少电能消耗有真正兴趣的科研人员和技术人员可能也会发现本书的益处。作者还期待本书对拥有一定技术背景并对照明感兴趣的广大读者有所启发。

鸣　谢

　　我对以各种方式为本书做出贡献的各位表示衷心感激。感谢帮助我成长并成为科学家和工程师的人和组织。这包括我的母校——麦卡利斯特学院和明尼苏达大学——在那里，我学到了数学、科学和工程方面的宝贵核心知识。向霍尼韦尔公司致以深刻的敬意，在那里我学到了许多先进的固态技术。在那里，尽管我还很年轻，但哪怕是资深技术人员也从未让我感到人微言轻。我向 Marshall I. Nathan 教授表示深切的敬意，他是我在明尼苏达大学的导师，并与我分享了他在 1962 年半导体激光器竞赛中的奇特经历，在此过程中，Nick Holonyak 博士发明了第一个可见光半导体激光器和 LED。感谢很多在贝尔实验室的前同事，特别是 Charles A. Burrus 博士，他手工为包括我在内的许多科学家制作了数以百万计的半导体激光器和 LED 样品用于研究。

　　我要向 LIGHTFAIR International (LFI) 年度会议致谢。我在由照明工程协会 (IES) 和国际照明设计师协会 (IALD) 所支持的 LFI 学院提供的照明课程中学到很多有关照明的知识。在照明领域，特别感谢 YESCO (Young Electric Sign Company，年青电子标牌公司) 总裁 John Williams 所给予我的支持和鼓励。在我们合作期间，他解决照明问题的严谨方式，将我的兴趣深深吸引到了 LED 灯照明领域。最后，真诚地感谢 Taylor & Francis 公司的 Luna Han 为我在写作本书时提供的有效指导和鼓励。

　　M. Nisa Khan 在明尼苏达州圣保罗的麦卡利斯特（Macalester）学院获得物理和数学学士学位，并在位于明尼苏达州明尼阿波利斯市的明尼苏达大学获得电气工程硕士和博士学位。在求学期间，她作为研究助理在位于明尼苏达州布鲁明顿市的霍尼韦尔固态研究中心工作了 9 年。获得博士学位后，她成为新泽西州舍德市的 AT&T 贝尔实验室（现为阿尔卡特 - 朗讯）的技术职员，并在克劳佛德山的光子研究实验室度过了 6 年中的大部分时光，致力于 40Gbit/s 光电子和集成光子器件的开创性工作。随后，Khan 博士在其他几家公司开展光通信子系统方面的工作，包括在新泽西州由风险投资资助她本人所创建的公司。2006 年，她创办了一家 LED 照明领域的研究和工程公司，其后一直投身于使固态照明更加适用于通用照明的创新和技术开发工作。作为一位独立顾问，Khan 博士从事娱乐和广告牌行业中所使用的 LED 照明的可行性研究，并提供通用照明应用的平台设计和开发解决方案。自 2007 年以来，她一直为《时代标志》（Signs of the Times）杂志撰写"LED 最新进展"专栏，该杂志自 1906 年来一直服务于电子广告牌行业。

目　录

第1章

导　论

1.1　概述

对于所有生物来说，光都是至关重要的物理资源。除了为我们提供视觉之外，从本质上来说，光连接所有生命，我们称之为光生物学现象。尽管人类和光一直有着这种不可分割的关系，我们对其特性和行为的深刻理解仅始于几个世纪之前，其后大量重大发现才逐步展开。从17世纪60年代后期开始，牛顿提出了光的粒子理论，将光解释为由微小的颗粒或"粒子"组成，每个颗粒并不具有特殊的"白"颜色，而白色光粒子是由一系列离散颜色的光谱构成，这些颜色可被棱镜分开[1]。在同一时代，牛顿的反对者胡克推论出光并不具备粒子特性，而具有波动性。由此，惠更斯于1690年发展了他的波动理论[2]。但直到托马斯·杨和菲涅尔做了干涉实验，证明光具有牛顿粒子理论所无法解释的、类似波的特性之后，波动理论才被正式确立。在此之后，建立了衍射理论，并开始了物理光学，即波动光学的研究[3]。

1860年，当它与麦克斯韦的电磁理论相统一，确立光波其实是电磁辐射后，波动光学更被广为接受[4]。在20世纪初，普朗克和爱因斯坦发明了惊人的理论，揭示出光既有波动特性也有粒子特性，并用量子力学解释了这些特性[5,6]。当光被看作粒子时，称其为"光子"，被归类为"波色子"，其行为遵从玻色-爱因斯坦统计，相对应的电子等则是遵从费米-狄拉克统计的"费米子"[7]。基于随后量子力学和电动力学的发展，20世纪成为物理学领域非常活跃和激动人心的时期。特别是光学的发展，在天文学和各类工程领域带来很多令人惊叹的发明，包括发光二极管（LED）、激光器、光探测器、光纤光学及其他发明。

20世纪初以来，光学，作为物理学的一个分支，人们对光的基本特性的理解不断深入。自从爱迪生发明（尽管将发明权归他有很多争议）实用的白炽灯泡以来，光照明应用领域也同时发生了前所未有的转折。钨丝灯泡的意义不仅在于发明本身，而在于其在住宅中普及的速度。特别是在美国，因其在通用电网系统中的成功部署、低廉的价格和实际的优势，从1914年到1945年，销售灯数从8850万只上升到 79500 万只,每人每年超过 5 只灯[8]。照明科学和工程由此成为一个独立的领域,主要研究照明和人类视觉应用,其收益总是及时而丰厚的。

尽管白炽灯因其实用性被广泛用于住宅和商业建筑照明中,但它们的电能消耗很大。白炽灯发光过程中,通常只有百分之几的电能转换为可见光,其余 90% 以上变为不可见的热辐射。随着其他照明技术变得实用且更加节能,白炽灯在很多应用中逐渐被取代。这包括直管形和紧凑型荧光灯,高强度放电灯和 LED。

在过去 10 年中,LED 技术的巨大进步使很多人认为 LED 照明会成为所有照明应用的选择。这种想法越来越流行,因为在小型光源的水平上,计算所得 LED 的理论光效大约是目前最先进荧光灯的 2 倍。但问题是这种高光效是否可扩展为能够提供全方位照明的实际尺寸的灯具。本书研究 LED 照明的此类挑战,并分析实用 LED 灯的一些解决方案。承认这些挑战,进一步发展现有的各类解决方案,甚或增加一些新的解决方案,通用照明用 LED 灯的性能应该能有巨大的进步空间。

1.2 照明知识基础

1.2.1 光学研究简史

根据现代史,对光学、视觉和颜色的研究始于希腊哲学家柏拉图、亚里士多德、德谟克利特和其他人提供的对光和颜色的早期哲学和心理学描述。自 17 世纪中叶,牛顿在光学领域取得重大成就之后,经过数百年的科学发现,光学在 20 世纪取得了大踏步地前进。"照明"学科属于整个光学领域的一部分。照明专门针对完全依赖自然或人工方式照亮物体所获得的人类视觉,因此仅与可见光谱范围的光有关。而光学是物理学的一个分支,关系到一般光的行为和特性,涵盖包括可见光、紫外光和红外光的整个光谱范围。

随着光学经过严谨的发展,已经与包括天文学、医学、摄影学在内的许多其他学科,以及光纤光学和光通信等工程领域相关联,与照明相关的科学知识和定量表征方法也随之获得改进。然而,照明依旧以实践和经验为主;我们每天都用到它,我们中的很多人已经习惯了具有一定照明质量的人工光的存在。

1.2.2 照明基础概论

来自太阳的日光是自然光的主要形式,我们从它开始熟悉光和视觉。仅在有光存在时,视觉才能感受,这些感受包括我们所看到物体的颜色、尺寸、形状以及它们看上去有多亮。如果没有光的话,我们就看不到周边或我们周边的任何物体,除非这些物体本身是某种光源,比如火。已经建立的照明基础用以描述我们在光照下能看到什么及对景物能看清到什么程度。精通照明基础对所有的灯具设计师和技术人员来说都至关重要,尤其是 LED 行业中缺乏一般照明背景的人员。由于人工照明已经存在多年，人们对以下几方面有很高的期望：照明质量，和既有标准的兼容性，产品种类齐全而且初期投入成本低。

我们需要视觉及照明来观看我们周边的环境、从事视觉工作及欣赏娱乐演出。利用量化参数，照明基础能为我们描述当某种光源存在时，它为我们视觉目的所提供的照明质量如何。必须指出，出于实用目的，对人类视觉的这种描述并不是绝对的，而是基于合理的比较统计所得出的所谓平均人的感知。

1.2.3　照明的定量参数

1.2.3.1　色度指标

对大多数视觉应用来说，我们主要使用"白"光。而牛顿已经通过他的棱镜实验证明白光是由不同色光组成的。如图 1.1 所示，它的基本原理很容易重现。白光具有很广的颜色光谱（即包括一个很广的频率或波长范围）。由于这些光学频率的振动速率非常快，我们的眼睛或任何现有的已知探测器都无法检测出光波快速的振幅变化。我们的眼睛感受到的是被称为光通量的平均光功率流。光通量是一个光功率的标量，其单位被称为流明（lm）。

图 1.1　用相机拍摄节能灯发出的白光经物体反射后穿过棱镜。
照片中，穿过棱镜的光线，荧光灯的白光光谱分散成彩色光带

用广光谱白光照明可使各种颜色的物体看起来接近其本色。光的这种特性被称为显色性。白光，如阳光，包含所有的可见光波长或颜色，我们将阳光定义为"纯"白光。在我们的视觉光谱内，白光可以基于我们的定义完美显示所有颜色。显色性以相对的方式来量化，其被定义为显色指数（CRI）。CRI 的评价范围是 0～100，100 被认为是理想的；在实际应用中，低数值并无意义，因为其并不对应于白光光源。

阳光在一天中从清晨到黄昏有不同的强度和色调，日光也随之变化。日光还随大气条件而变化，因为大气条件影响天空的光散射。这种变化的色调可以用一个被称为色温的参数来描述。一个可见光源的色温和一个与其发射辐射的色调最相近的理想黑体辐射体的温度相关联。（黑体是一个吸收所有入射电磁波的理想物体。）因此，它更准确的叫法是相关色温（CCT），单位为开尔文（K），量值是其绝对温度，有时也被记作°K。

一个光源的 CCT 被定量为其发射光与光源具有同样色调的理想黑体的表面温度。白炽灯泡可作为一个近似的理想黑体，其色温基本和其发光的灯丝一样——位于 2700 ~ 3000K 之间。色温越高，色调越趋于蓝色，如图 1.2 所示。图中给出了普朗克体或黑体在 CIE 1931 (x, y) 色度空间图中的轨迹，虚线代表黑体轨迹，与之相交的直线为恒定 CCT 线。这些 CCT 值仅对于其 (x, y) 坐标位于恒定 CCT 线所定义的某些带内有效。

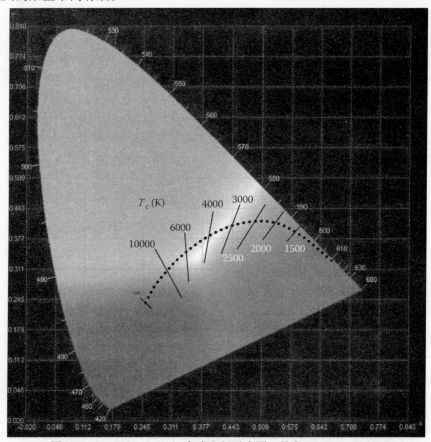

图 1.2 CIE 1931 (x, y) 色度空间示意图，是由 GL Optic GmbH
光谱仪所带 GL SpectroSoft 软件产生的。图中的虚线代表黑体轨迹，与其相交的直线上的
点代表不同常数的 CCT

阳光的 CCT 在一天中不断变化。CCT 值为 6500K 的日光已经成为各类视觉应用的标准。它被称为 D65 检视标准。CCT 值为 5500K 的日光是摄影胶片的标准。

在晚间，我们习惯于带有黄色色调的暖光——就像来自蜡烛和白炽灯的光照；白天，带有蓝色调的光，即冷光更为有效——比如来自荧光灯或自然光的光照，因为对许多颜色，它都能提供更高的对比度[⊖]。表 1.1 列出了各种常见灯的 CCT；作为参考，表 1.2 列出了各种日光、自然光和其他几种常见光源及发光电子屏幕的 CCT。由于白光 LED 灯可由多个窄波长光源和各种颜色的荧光粉构成，其 CCT 值可以根据需要改变。

表 1.1　常用光源色温

光源	相关色温（CCT）/K
白炽灯	2700
卤素灯	3000
荧光灯——暖白	3000
荧光灯——中性	3500
荧光灯——冷白	4100
荧光灯——自然色	4500
荧光灯——日光	6500

注：该表中给出的数值源自多种出版物，包括主要照明公司产品手册等所给出的数值的平均。因此，这些 CCT 仅是名义上的，类似产品的实际数值也许相差较多。

表 1.2　自然光、普通光源以及显示屏的色温

日光类型	相关色温（CCT）/K
蜡烛火焰，日落/日出	1850
卤素灯	3000
月光，氙弧灯	4100 ~ 4150
地平日光	5500 ~ 6000
垂直日光	5100
多云日光	6500
LCD 或 CRT（阴极射线管）屏幕	6500 ~ 9300

注：该表中给出的数值源自多种出版物，包括主要照明公司产品手册等所给出的数值的平均。因此，这些 CCT 仅是名义上的，类似产品的实际数值也许相差较多。

由于 CRI 是比对测量，一个光源的 CRI 仅在光源的 CCT 和参考值匹配时才有意义。因此一个白炽灯的 CRI 被定义为 100，它基本上就是一个理想的黑体光源，即参考光源。同样，所有自然日光的 CRI 都是 100。用通俗的话来说，CRI 就是表征一个光源让颜色看上去自然的能力。CRI、CCT 和如图 1.2 所描述的色品构成了描述颜色和评估照明的基础。

⊖　大量应用都支持这种偏好。暖光（1850 ~ 3350K）用于家庭、餐厅、摄影棚和其他需要使人放松的地方；同样，许多工作类型的应用则使用自然照明（5500K 及以上），特别是 LCD 和 CRT 都使用高 CCT 白屏产生最佳的视敏度和颜色对比。

1.2.3.2　亮度、照度和空间光分布

除了颜色指标，照明基础还包含其他重要参数，用于描述光源所产生的光照情况。利用下述的三个基本可测量参数，我们可以解释光源有多亮，以及在某个光源照射下，从各种不同的位置看过去我们眼中的物体有多亮、是否令人感觉舒适：

1) 光亮度[⊖]；

2) 光照度；

3) 空间光分布。

第三个参数影响物体表面上的光分布，它取决于来自不同方向的光源和反射面在物体上产生的光照射量。所有这些参数都包括光通量，它是对光功率直接加权探测获得的，加权函数是模拟人类平均亮度敏感度的视觉敏感度函数。视觉敏感度函数 $V(\lambda)$，如此处所记与波长"λ"有关，也与周边光量有关。通常，基于对日光、曦光和黑暗的适应性，定义有三个此类敏感度函数，分别是明视觉、中间视觉和暗视觉光度函数[9]。对光源的标准表征使用明视觉加权敏感度函数。

下面我们会看到，前面的两个参数是相关的。光亮度是一个可测量量，与光源在某一方向产生的实际光功率密度有关。尽管它常常理解为视觉亮度，但它在下述意义上与视觉亮度不同，因为视觉亮度只是一个生理感受，并不总是和光功率密度有特定的关系。注意，这个差别不是由前述的人眼敏感度函数的变化引起的；而是因为作为视觉感受，视觉亮度可以被错觉效应、周边光线和阴影所影响。光亮度和视觉亮度在多数情况下可以互换使用，但要记住光亮度代表不受光学错觉及周边光线和阴影影响的可测量量。光亮度定义是单位立体角内的光功率密度或光通量密度。它用于描述汽车前灯、投影灯和各种计算机显示屏幕的亮度。单独使用时，对照明应用而言，光亮度并不是很适当的参数。

光照度与入射到一个平面表面的光功率相关。它一般用于描述为物体和环境提供照明的灯具。要想知道为了完成有效观察，我们是否拥有足够的照射光，最简单的方法就是测量一个工作面或物体面的入射光照量，前提是我们距离平面在合适的观察距离内。这个可测量被称为光照度，其被定义为单位面积的光通量。如上所述，光亮度和光照度是相互关联的。在仅考虑正入射的情况下，这些常用的可测量参数的关系可用下述最简单的方式来说明[10]：

$$E_v = \frac{L \times S}{D^2} \tag{1.1}$$

式中，E_v 是光照度；L 是灯具的光亮度；S 是灯具的表面积；D 是灯具中心到被照射面的垂直距离。式（1.1）源自为人熟知的平方反比关系，是瑞士 – 德国物理学家朗伯（1728—1777）在 18 世纪提出制定的。请读者注意，为了阐明这两个参数之间最简单的关联，前述公式假设 L 是均匀一致的，D 远大于 S，且忽略了照度的

⊖　虽然有些人认为坎德拉（cd）是基本发光强度单位，但它不是测出来的，而是从被测参数光亮度计算出来的。

余弦相关性及对物体全表面的积分。

第三个参数（即空间光分布或通量分布）描述一个光源的光通量在空间，或在一个任意表面是如何分布的。这个表面可以是平面或三维的。在空间，它可以是直角坐标系中定义的一个函数 $\Phi(x, y, z)$，也可以是某种角坐标系中定义的一个函数。在实际应用中，该函数值在相关空间中的值被逐点测量出来，并画成图。空间分布也可利用几何光学近似或其他方法来计算。有关光源的空间光分布的知识在照明设计中很重要，它用来优化从不同地点观看时，整个视场内的视觉效果和舒适度。特别是在对物体进行三维照明的场景中尤为重要。它可以帮助设计师避免过亮或过暗区域，保持亮度平衡。该参数对于在工作平面或显示器面上产生均匀照度也很重要。这时，空间分布变成为平面分布。

到目前为止所讨论的光照参数都是描述一个或一组光源的基本参数。这些光源用于提供我们所期望的照明效果。但还有另一组与之相关的其他参数，用于描述环境照明的程度，为观察者提供的人眼舒适度，以及整个照明系统的能量效率。本章后面将讨论如何评测由灯的功效和灯具光效所确定的能量效率参数。

1.2.3.3　工程师和制造商常用照明指标集

很多光照参数是相互关联、相互配合的。在不同环境下，它们的不同组合会产生不同的人类感知效果。然而，使用一组基本光照参数（见表 1.3）作为基础参数来设计和制造光源和照明系统是最佳的实践。特别鼓励 LED 照明工程师和制造商在开发针对各种应用的 LED 灯时同时使用大部分或所有这些参数。

从照明工程和人类情绪对视觉感知的影响来说，照明是一个仍在发展的领域。它也在很大程度上依赖于应用。因此，在某些情况下，必须考虑比这些更多的参数和效应，以及参数之间更复杂的相互关联。在第 4 章中我们给出一些更细节化的考虑。如需更多信息，也鼓励读者更深入地阅读《IESNA 照明手册》（第 10 版）中的照明设计和规格参数[11]。

表 1.3　灯具设计师和制造商所需基本照明指标

参数（符号）	SI 单位	单位符号	量纲（参数描述）	备注
显色指数（CRI）	无	无	1	范围：1～100；100 为最佳
相关色温（CCT）	开尔文	K	K	描述辐射的色调；各种不同色调如图 1.2 所示
光通量 Φ	流明	lm	与电功率瓦相关联的可见光功率单位（F）①	人眼敏感度系数加权后的光功率
光亮度（L）	流明/球面度/平方米	lm/(sr · m²)	F/(sr · L²)②	单位也称为尼特（nit）③；流明/球面度即"坎德拉（cd）"
光照度（E_v）	流明/平方米（lx）	lm/m²（lx）	F/(L²)	用于光入射的平面上

（续）

参数（符号）	SI 单位	单位符号	量纲（参数描述）	备注
光通量分布 $\Phi(x,y,z)$	流明	lm	物理点或位置处的光通量	光通量值在所考察空间的分布图
灯效	流明/瓦	lm/W	F/W	用于电能驱动的灯
灯具效率	无	无	1（用百分比或分数）	包括变光部件、完整灯具的光功率输出与裸灯光功率输出之比

① "F"表示光通量的量纲，而非单位。可见光功率（光通量）或光度功率通过 $V(\lambda)$ 和辐射功率联系在一起；辐射功率的单位为瓦，和电功率的单位相同。

② "L"表示长度的量纲，而非单位。球面度是一个单位立体角，用"sr"表示。立体角定义为三维空间中的二维角，是一个物体对某一点的张角。

③ $1nit = 1cd/m^2$。

1.3　照明技术

1.3.1　概述

自从 20 世纪初白炽灯流行普及开始，几乎所有的人工照明都是被某种电力方式驱动。在白炽灯后，从 21 世纪 40 年代开始我们有过各种类型的放电灯。其中包括各种荧光灯和高强度放电（HID）灯，其基本发光原理都是通过被电离的气体放电。

1.3.2　荧光灯

荧光灯是应用最广的气体放电灯，其工作的气体压力只有大气压的几分之一。荧光发光是在半真空容器中通过放电来激励汞原子来产生，容器壁上镀有荧光粉。汞原子发出的是紫外光。荧光粉吸收紫外光后重新发出分别由蓝、绿和黄－橙光谱组成的可见光。荧光灯的能效远高于白炽灯；但它们缺乏广域的光谱分布，因此它们的 CRI 一般较差，特别是在暖色区。荧光照明技术经过几十年的改进，现在制造的灯具有各种更为有用的形状和尺寸，更长的寿命，更快的启辉时间，更可靠的内部放电；通过不同荧光粉的组合也可产生更好的 CRI。这种灯的早期产品为较大尺寸的直管形、环形和 U 形灯，如图 1.3 所示。这些灯被广泛用于需要对大空间提供高亮度照明的商业应用，常具有近似天然日光的色温，以产生出活跃的气氛。有些类型的荧光灯也适合诸如车库、地下室和工作间等区域的住宅应用。

1.3.2.1　紧凑型荧光灯

对于全球大多数人来说，紧凑型荧光灯（CFL）已变为替换家用白炽灯的真正竞争者。随着大量技术改进，它们现已将荧光灯照明的经济性和标准白炽灯具的灵活性有机结合起来。在舒适性方面可以做到 2700K 暖色 CCT 和超过 80 的 CRI。而

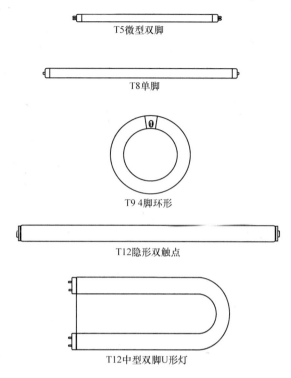

T5微型双脚

T8单脚

T9 4脚环形

T12隐形双触点

T12中型双脚U形灯

图1.3 商店里可以买到的常用荧光灯形状。"T"代表管形,后面的数字给出了以 1/8in⊖ 为单位的管直径

成本削减归功于 6000 ~ 15000h 的平均额定寿命(基于 3 ~ 4h 的每日用量,每周 7 天),以及可达 75% 的节能效果。CFL 可以旋入已有的白炽灯插口,并以各种形状出现,为住宅、办公室、酒店、餐厅、诊所、零售店、学校和其他场所提供有效的照明。CFL 的一个小系列如图 1.4 所示。

1.3.2.2 毒性

所有荧光灯都含有一些汞。为了有效处理,美国环境保护署(EPA)开发了一种称为"毒性浸出试验(TCLP)"的方法将废物分为有害和无害两类[12]。美国 EPA 指导荧光灯制造商控制汞的含量以通过这些测试,并对所有这类灯进行回收,无论它们是否通过了测试。

1.3.2.3 高强度放电灯

当需要实现比前述荧光灯应用场景光照更强、面积更大的照明时,就需要用高强度放电(HID)灯。HID 灯家族包括汞蒸气灯、金属卤化物灯、钠蒸气灯和氙弧灯。这些灯利用电流通过一个高压气体或蒸气产生高强度放电或光电弧来发光。这个过程非常有效,其灯的寿命优于荧光灯。这类灯的额定寿命可达 24000h。汞蒸

⊖ 1in = 2.54cm。

图 1.4　一般商店在售的各种紧凑型荧光灯：a）11W R20 可调光柔光白灯泡；
b）13W 暖白色双柱灯泡；c）9W 暖白色装饰螺旋灯泡；d）13W 微装饰 2700K 螺旋灯泡；
e）9W 2700K 球形灯泡；f）7W 6500K 日光型长灯泡

气、金属卤化物和高压钠灯的典型 CRI 分别为 20、65 和 20。

汞蒸气 HID 灯的典型 CCT 约为 4500K；由于 CRI 仅为约 20，其应用被局限于户外。这些灯用于景观照明、门庭照明、道路、停车场、泛光和安防照明等；效率为 50lm/W 左右，比较不错。

金属卤化物 HID 灯的颜色还原性好，发出的是接近 4000K CCT 的鲜艳白光，光效高达 100lm/W，在室内和户外均可使用。它们被大量用于购物中心、一些商业建筑、电影放映机、停车场、机场、道路、体育场馆以及建筑泛光照明。它们的额定电功率范围为 10 ~ 18000W。

高压钠（HPS）HID 灯是效率最高的 HID 灯。当色彩还原不太重要时，HPS 灯是一种极好的选择。其光效超过 120lm/W，因此是目前最经济的户外灯。在避虫方面，它们也优于其他灯。

1.3.3　白炽灯

尽管它们的光效很低，额定寿命也很短，但很多人依旧认为在为住宅、餐厅和酒店大堂等场所制造个性化氛围方面，白炽灯是最理想的选择。取决于灯丝粗细，标准的灯的额定寿命一般在 750 ~ 1250h 之间；灯丝粗则寿命长，但代价是光输出低，因为在给定电流下，灯丝加热或白炽发光减少。与荧光灯不同，它们可以缩小到很小的尺寸，比如那些用在圣诞树里的灯条。图 1.5 所示为至今美国还常用的几种白炽灯。

图1.5　适于不同用途，仍受美国用户欢迎的几种白炽灯：
a）50W暖白色反射灯；b）75W柔光白色全向灯；c）40W 3000K室内灯

1.3.3.1　卤素灯

尽管卤素灯是白炽灯，它们比一般白炽灯有优势，因为它们更耐用，而且发出更白更亮的光。这是通过将卤素灯的钨丝置于一个充满卤素气体的玻璃泡中实现的。这可以让蒸发后的钨沉积物返回灯丝，而不是沉积在玻璃上。因此灯泡得到刷新，能够在更长的时间里保持透明且发出更亮的光。但这个沉积过程的重复过程是不均匀的，最终钨丝的一些部分会变弱并烧断，灯的寿命终结。卤素灯有各种各样的形状、尺寸和额定功率，用于通用、专用、户外和汽车大灯等应用场合。图1.6展示了几个用于上述领域的卤素灯。

图1.6　美国市场上在售的各种卤素灯：a）使用5A/12V或60W功率输入的标准汽车前灯；b）额定50W和525lm的PAR20灯；c）60W和600lm的PAR16灯；d）60W和1100lm的PAR30灯。当工作在最大额定输入功率时，图b~d所示灯产生的总光通量输出分别相当于60W、70W和75W的通用白炽灯

1.3.3.2　其他照明技术

人们也还在考虑其他使用电方法的发光过程被用于灯具制造来和已有的灯具竞争。通过加速电子激发荧光粉来产生光的电子激发发光（ESL）就是一种此类技术[13]。我们还需进一步研究才能确定这种技术对现有灯具是否有竞争力。

1.3.4 LED 灯

发光二极管（LED）灯的工作原理是半导体材料中的电致发光。在包含显示和通信的多个领域中，LED 技术已经经历了多年的工业和学术发展。现在有限的几种通用照明用 LED 灯，主要目标是替换 40W 和 60W 的白炽灯[14]。因为灯具价格依然昂贵，且技术还在不断发展，成本和质量都越来越有利于消费者的选择，所以终端用户也还在犹豫是否选择以后长期使用 LED 灯。由于 LED 照明是本书的主题，我们将在所有章节中探讨这个技术的细节。图 1.7 展示了几款在售的标准螺口 LED 灯，可以直接用在多数的灯座上。

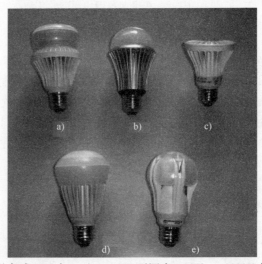

图 1.7　新近入市的各式 LED 灯：a) 13.5W 可调光，850lm，3000K 氛围灯；b) 7.5W，450lm，3000K 下射灯；c) 8W，额定输出 350lm 的可调光 PAR20 灯；d) 8W，额定输出 450lm 的 2700K 灯；e) 2700K，额定功率 12W，输出 820lm 的氛围灯。图 a～e 所示灯在其最大额定输入功率下产生的总光通量输出分别相当于 60W、40W、40W、40W 和 60W 白炽灯

在当前的时代，这里所讨论的用电的照明技术都有某些优点和缺点。除了共同存在的灯具光效和 CRI 之间的取舍，还有其他几个参数之间也存在彼此的平衡关系，其中有些专门针对特定的应用。随着全球对照明的需求迅速增长及照明应用变得越来越多样，无论是短期还是长期，了解每个应用中的这些取舍关系，并选择在经济性、安全性和可持续性方面最有意义的照明方案都非常重要。

1.4　理解照明

来自日光和其他自然光的照明已将我们的眼睛训练成以一种特殊的方式观察事

物。我们识别阴影、自然界中的三维物体、动作和颜色的方式已经变成我们共同的视觉。我们视觉中和运动敏感度以及视场相关的特性，也根本上是由包括日光、曦光和夜光在内的所有自然光照决定的。例如，在我们的视网膜上，分别负责周边和直接视觉的柱状细胞和锥状细胞对发光强度、颜色和运动探测的敏感度随日光、曦光和夜光时间而变化。锥状细胞密集地位于视场中央，并在高发光强度时最敏感；反之，柱状细胞负责我们低光照时的视觉，并且在视网膜的边缘密集。柱状细胞对运动也更敏感，在黑暗中，当有捕食者进入我们的视觉范围边缘时，这会帮助我们提高警觉[15]。如本章前面所述，基于明视觉对颜色光谱的响应，我们的眼睛对日光有不同的响应。无论周边的环境光是天然的还是人工的，一般当光照水平高于 $3cd/m^2$ 时，我们的视觉被称作"明视觉"[16]。

随着多年来人们开发出各种人工光源，我们的视觉也逐渐被一些人工照明所形成的标准所影响并对其适应。理解照明就是理解一个人类平均视觉的基础或标准，它牵涉到许多照明参数，目前其中一些参数比其他参数表述得更科学。有趣的是，照明学科涉及科学和人类的情感，也涉及人类的主观性。

框 1.1 照明应用的分类

由于现代生活方式的演变，把光源的应用分为两个主要类别是有益的：① 照明和② 观看。照明应用所定义的是我们利用被观看的物体所反射的二级光来观察事物的应用。观看应用则定义的是我们直接观看被照明表面的应用，比如电子标示牌或计算机屏幕。图 1.8 和图 1.9分别为照明和观看应用的例子，两者都使用了 LED 灯。

灯具是一个完整的插电光源装置，用于为一般物体提供照明；显示屏和广告牌是我们直接观看的被照明物体，它们不是用来提供照明的。在很多情况下，广告牌和显示屏又是被灯具照亮，因此

图 1.8 厨房中被橱柜下方 LED 阵列灯所照明的几个物体

这个类别并非完全独立于第一类。但无论如何，这两个照明产品类别的需求和规格是不一样的。

对被照明的广告牌和显示屏来说，最重要和惯常的是指定亮度。亮度决定了它们是否满足观看要求。由于我们是直接观看它们，对于确定其有效性，了解它们在观察方向上的显示亮度是必要而且充分的（对某些显示器来说，颜色需求和规格可以非常复杂，我们不在此讨论）。由于大多数显示器的观看表面都是二维的，照亮它们的灯具的整体空间光分布意义不大，尽管在观看平面内的均匀度

图 1.9　矗立在新泽西 287 号高速公路旁边的一个 RGB LED 灯广告牌。
它由 Daktronics 公司建造并由 ClearChannel 公司运营，它负责以 8s 的间隔轮流显示 8 条广告

还是重要的。

　　必须指出，有两种被照明的广告牌和显示屏：被灯从内部或外部照明的静态广告牌，以及动态广告牌和显示屏（也被称为数字广告牌），其中观看屏幕本身也许可以发光，而且屏幕上的内容可以由电子控制改变。有关动态数字广告牌和各种室内或室外电子显示屏的话题非常广泛而且细致；有些包括全动态下复杂的颜色产生和管理，以及使用很多种不同的软件和硬件技术的颜色显示[17-19]。

1.4.1　深入理解照明参数

　　除 1.2 节讨论的基本照明参数外，也可以利用一系列其他参数来对光所产生的照明情况做一个更完整的描述。这些参数包括色平衡、视锐度、对比度、眩光干涉或干扰度，时间变化或调整度，像差和偏振效应。当调整到位时，这些参数会提高视觉质量，使眼睛感觉舒适，并降低能耗。一个好的照明系统设计应该考虑很多对特定照明应用有关的这类参数。需要注意的是，因为多个此类参数之间具有复杂的关联性，设计也许会因此变得相当复杂。应该基于所希望创造的照明效果来选择合适的设计方法，而不是根据系统能提供多少光照来设计。

　　工程师和科学家开发光源和灯具，而照明设计师将其应用在照明中，这样的分工已经超过一个世纪。随着新的照明技术和应用不断被开发，理解一般照明和新的用法，无论对在职的照明从业人员和新入行者都非常必要。

　　提供正确的照明意味着对一个环境提供"正确的"光照。当成功实施时，它

会创造一个有效且令人愉悦的视觉体验。"正确的"光照的最佳定义由表 1.3 中的参数指定，有时与其他扩展参数一起给出；它保证合适的色平衡、视锐度和对比度，同时尽量减小或消除眩光、干涉和过亮。光的颜色对照明来说是一个非常重要的因素。灯的色温描述了所呈现的氛围；它帮助提供一个由光制造的氛围或心情。在一个主题空间内，比如整个舞厅，或厨房，甚至仓库内，应该保持整体一致的色温。

对于光照水平或光功率量来说，和总光通量相比光通量分布 $\Phi(x, y, z)$ 是描述照明重要得多的参数。光通量分布取决于实际光源器件的形状和尺寸或它们在系统中的组合。它为特定地点提供光功率水平，在这些点的不同光照水平就制造出了特定的照明效果。对平面表面最好用平面光源来照明，特别是当被照明表面与光源接近时。类似地，最好采用圆形或与圆形相当的光源来照明所有形状的表面，为了自然地观察一个三维（3D）物体，需要其表面有光照变化。圆形或相当于圆形的光源器件对一般照明用途产生近乎各向同性的光。遗憾的是，对许多灯具技术来说生产圆形光源器件很困难，其中包括白炽灯和气体放电灯。生产圆形或相当于圆形的 LED 灯光源器件更加困难。

但是，即使不是平的光源表面，只要在光源形状中引入合适的曲率仍可在很多方向上制造出相当均匀的光照。利用在单个光源中嵌入很多不同的周期性空间曲率，比如就像钨丝线圈和 CFL 螺旋结构一样，可以产生实际上各向同性的光照。这些光源器件的尺寸足以产生几百流明来照亮个性化的空间，比如典型住宅里的房间、许多餐馆以及有氛围照明需要的办公室。

1.4.2 对于 LED 照明特别重要的参数

利用现有 LED 技术可以生产非常薄、面积小、平面的光源。这样的形状，通常从一个小面积——一般仅为 $1mm \times 1mm$ 的平面发出方向性很强的光。它们很适合用于照明紧贴或非常邻近的平面，比如背光 LCD（液晶显示）屏，以及照明架子所展示的零售小商品。现有 LED 光源产生的指向性光输出也很适合于手电筒、聚光灯，以及各种重点照明。由于 LED 是基于半导体的电致发光特性来发光的，光的颜色取决于材料的有限且小的能隙特性，因此所发射的光为单色或近似单色窄波段光。为了使 LED 灯适用于通用照明，需要借助于复杂的技术创新来制作出尺寸更大、具有近似各向同性的辐射特性以及高质量颜色特性的灯具。这些课题将在本书其他章节中更详细地讨论。

1.4.3 测量单位

前面的讨论已经显示，理解照明需要具备各种知识，包括各种光源发光的空间分布、光谱和时间参数以及人类是如何感受它们的。对许多此类参数的定量评价需要不同的计量单位，这些单位构成了光度学描述问题的基础。很多人常常奇怪，在照明科学中为什么需要这么多不同的单位；另一些人对各个独特单位之间无法相互转换感到沮丧。例如，尽管光通量和发光强度都是与光功率相关的物理量，但它们的单位不同，也无法相互转换。参数光通量并不给出单位光功率的具体位置；然而参数发光强度给出的则是一个单位立体角或 1 球面度中的单位光功率量（即 1lm）。

平时，用通俗的语言对光或其他物理量的描述是模糊和不完全的。例如，形容词"重"可用于描述重量或密度，但这两者从根本上不是一回事。同样地，人们常用"亮"一词来描述一个产生高光通量的光源；他们也把一个 LED 或一束激光形容为"亮"，因为它们相对于其他光源把高光通量汇聚到很小的一点。尽管在上述两种情况下，功率输出都以流明来测量，这些光源需要用更多的单位不同的参数来描述。通常，对不同的应用要区别对待。例如，对于典型的办公室，我们可以将多个嵌入式直管荧光灯组成大光通量阵列来提供"高亮度"照明。从另一方面来说，一个在单一方向亮到令人致瞎的激光（一个激光光束具有很高的亮度）并不能很好地照明一个房间，因为它的光通量很低，而且它的光被局限在一个很小的区域里。

由光源所形成的照明之所以有光型，就是因为光在三维空间中的传输遵守诸如发散、聚焦、反射、折射、传输、吸收和衍射之类的规律——而且所有这些都和波长有关。当光经历了一些物理变化，比如发散，混合，会聚，从抛光或亚光表面的反射等，这些光特性就会在一个特定的空间中影响照明。这些特性和它们之间的相互关联使基本的光测量参数或指标的数目变得相当多。其结果是代表它们的量和单位的数目也很多。从实际来说，理解照明牵涉到理解所有这些光参数的集合，同时能在很大程度上对它们进行计算和测量。

1.5　理解能量效率

1.5.1　"绿色"能量解决方案

在全球许多地区，实用的人工光照明诞生之后，人类社会已经变得非常富有生产力。不幸的是，世界上没有人工光照的地区跟不上现代的生产力水平。尽管人工照明正在令人鼓舞地普及到很多发展中国家，这些地方与发达国家一样正在消费越来越多的能量用于照明和其他用来改善人们生活的现代便利设施。因此，制定节能的技术规划和利用更多的可再生能源来减少能量消费是和本书相关的两个现实且重要的议题。

照明工业一直被认为是实现高能效解决方案的最重要领域之一，因为照明所消耗的能量占全球总能耗的 20% 以上。对很多国家来说，已经强制性地禁止使用一些高能耗的白炽灯，代之以高能效照明。CFL、LED 灯和灯具被认为是合适的替换品。与现在使用的白炽灯相比，两者在某些应用中都具有节省 75% 或以上电能的潜力。但这个节能并不意味着 CFL 和 LED 灯的效率比白炽灯高出 75%！

为选择正确的替换灯，理解一些有关光的产生和利用的能量效率的基础至关重要。在大多数实用灯具中，1.3 节所述的电气方案被广泛使用。因此，对于灯来说，理解在一个我们所感兴趣的端到端的照明系统中，电能被如何有效地转换为光能非常重要。由于照明应用非常多样，理解效率牵涉到术语、放大尺度、性能取舍和经济性问题。所有这些因素都必须仔细考虑，才能对一个照明系统随时间变化的真正效率做出估算。

电灯的能量效率被称为灯效（也被称为发光效率），因为尽管光是由电能产生的，但它被定义为由人眼所评估的能量。可见光与人眼的视觉响应相关，因此，没有像其他形式的辐射一样定义为能量。以电功率瓦计量的电能被瞬时注入一个灯里，灯所发出的光功率用流明来度量。要计算出光功率需要知道灯的光谱功率分布（SPD）以及人眼的视觉响应。计算灯的流明数，可用可见光谱中每个波长的光功率乘以等效 $V(\lambda)$，即前面讨论过的人眼敏感度值；然后，在全色光谱范围内，将所有这些值相加得到总的流明输出。可表述为

$$\text{灯流明数} = C \cdot \sum \text{灯功率(lm)}(\lambda) \cdot V(\lambda) \cdot \Delta\lambda \qquad (1.2)$$

式中，C 是一个用来平衡单位的常数。

尽管 $V(\lambda)$ 依赖于环境光照水平，灯的光通量输出一般以在明视觉范围内的平均光照水平条件来定标。确定了灯的光通量输出，我们就可以将灯的光效定量化。方法是，将式（1.2）的结果除以驱动灯的总电功率。灯的能效特性可以用效率和光效两者来描述，但这两个术语不可互换。

1.5.2　发光功效与发光效率

发光功效（luminous efficacy）是传统上评价电驱动照明器件产生可见光能力优劣的量。它是每单位输入电功率产生多少光通量的度量，因此其单位是"流明每瓦（lm/W）"。不要把它和发光效率（luminous efficiency）混为一谈，发光效率以百分比给出，其中两个功率单位都必须是流明或瓦，依对哪个效率的描述感兴趣而定。对多数传统的灯或灯具而言，例如由白炽灯和荧光灯构成的灯具，发光功效给出灯的功效而发光效率给出灯具效率。如果我们问当一个灯被放进一个固定装置里，一些光被固定装置挡住，有多少光还可以用时，我们感兴趣的是灯具效率。因此从两个以流明度量的光功率之比得到下式：

$$\text{灯具效率(\%)} = \text{灯具输出(lm)}/\text{灯输出(lm)} \times 100 \qquad (1.3)$$

如果电和光功率均可用瓦表示，从发光效率我们将得到在一个时间点有多少百分比的电能可以转换成光能的完全或绝对值。但由于可见光功率仅以流明定义且计入人眼敏感度，需要用功效量给出对能效的度量。这个功效是一个质量因数，它告诉我们每单位电功率产生多少流明，使我们随之可以确定从给定的、输入照明系统

的电瓦数可以得到多少流明。前提是整个系统可以有意义地线性缩放。

这些概念对一般的照明很重要。LED 照明行业的关注点一直是提高功效。但我们需要同时应用对端到端系统效率的基本理解来帮助确定理论和实际功效的极限，并对不同灯具和技术的能效做出正确和有意义的比较。例如，一个端到端的系统效率也许会受到诸如在期望区域中的总有效流明、亮暗可调性、热管理设计和其他参数的影响。

1.5.3　确定最大功效

为了确定任何照明单元的理论功效极限，先要问流明与瓦的关系，或一个流明相当于多少瓦。从前面的讨论中，你也许记得答案和光的波长有关。由于白光是一个宽波长范围的集合，答案并不很简单。尽管如此，让我们看看如何得到一些近似答案。

一个流明（lm）相当于在 540THz 或 5.40×10^{14} Hz 的频率处 1.46mW 的电磁（EM）辐射功率。该频率对应于可见光谱中央 555nm 处。人眼在此波长处最敏感[20]。对多数应用来说，1.46mW 的电磁场功率相当小。例如，一个双向玩具收音机的射频（RF）输出功率就是它的好几倍。在可见光区域的最灵敏处，1.46mW = 1lm，以此得出在最大值处 1W = 683lm，这仅在 555nm 处成立。其他可见光波长，1W 所对应的流明数较少。

因此，最高的理论可得功效，相当于 100% 的效率，是 683lm/W。这是若所有输入功率都转换成位于 555nm 的绿光波长得到的输出，此处的人眼敏感度达到峰值。在可见光谱内，其全部输出功率随波长均匀分布的任意白光光源的最大功效只有 200lm/W。这样一个"理想的"白光光源自身就有一个完美的达到 100 的 CRI 值。通过将一个光源的输出波长汇聚到 555nm 点的附近，可将功效改进到超过"理想的"白光（由所有可见波长组成的光，在每个波长处都有相同的"流明"功率）所能达到的功效。但是，这样将更多的光输出功率聚集到绿光波段附近来实现超过 200lm/W 理论功效的尝试会降低 CRI。因此，在白光光源中存在着一个内在的功效和 CRI 之间的矛盾。

1.5.4　光源的效率

描述灯的指标一般包含额定功效和光通量输出，这有助于我们估算各种灯的能效。下面来了解一下一些光源的效率水平。

基于近似的流明 – 瓦转换和 $V(\lambda)$ 响应的粗略估算，一个典型的、功效 13lm/W 白炽灯的效率大约是 2%。因此，98% 的输入电力变成了热量。相比之下，一个功效 70lm/W 的 CFL 的效率约为 10%，其中 90% 的输入电力最终转换成热量。一些直管荧光灯的功效可高达 100lm/W，从而其效率可达约 14%。

在一个白炽灯中，一般 98% 的输入电功率变为辐射热量而自然消散，因此设计者不需要考虑热量的去除。相反，对一个发射 555nm 光、功效 70lm/W 的 LED 来说，几乎 90% 电能变为传导热量。必须通过设计，将这些热量从 LED 芯片中去除，才能取得最佳性能。

1.5.5　LED 灯具的功效

如前面 1.5.1 节所述，对于传统光源，照明行业一般论及灯功效和灯具效率，因为灯可以与灯具固定装置分开。可是在 LED 的情况下这并不总能实现。当 LED 光源被完全集成进一个灯具结构里时，功效必须是整个 LED 灯具系统的，且式 (1.3) 给出的灯具效率不再具有任何意义。在这种情况下，只要一个参数就够了，它就是 LED 灯具的功效。

LED 灯具的功效依赖于几种类型的效率因子，所有这些因子的乘积给出总效率 η_T，由此可以估算出 LED 灯具的功效。总效率 η_T 被定义为

$$\eta_T = \eta_{int} \cdot \eta_{ext} \cdot \eta_{dr} \tag{1.4}$$

式中，η_{int}、η_{ext} 和 η_{dr} 分别是 LED 内量子效率、光抽取效率和驱动效率。LED 灯具的功效与总效率成线性正比，所以功效的最大化需要让式 (1.4) 中的所有三个因子最大化。此外，如果这些因子中的任何一个变小或性能变差，灯具的功效也会随之受损。这些将在第 2 章中更详细地讨论。

1.6　LED 工业：现状和前景

1.6.1　全球增长

1962 年，当 Nick Holonyak Jr. 演示第一个可见光 LED 发光情况时，当时只产生了远不足 1lm 的光输出，但从那之后 LED 照明市场已经取得了巨大成功。随着光提取效率、发光强度和质量的进一步改进，用不了几年它就有希望成长到几百亿美元的市场规模。LED 光源已经得到全球多个行业、政府和科学界的重视。在公共区域，我们见证了 LED 用来照明家用电视屏幕，也点亮了许多娱乐场所、建筑，以及带有电子广告牌、标志和装饰灯的结构体。人们是如此兴奋，以至于三星公司在几年前就把自己最新型号的电视机命名为"LED 电视"，尽管那些只是用 LED 背光照明的 LCD 电视。

LED 涉及的工业巨大且难以置信得多样，不仅涵盖了必要的照明，也涵盖了各种新的娱乐应用。富于创造性的群体正在找到许多令人愉悦的应用，用来照亮从小到玩具、衣物和家用物品直至大到建筑外观的所有事物。由于全球如此多样化的市场，很难确定 LED 全球市场的实际规模，哪怕对像中国或韩国这样快速增长的国家也是如此。可以确定的是，LED 照明市场这样快速的增长今后还将会持续许多年。

1.6.2 高亮度 LED

行业中区分必要或传统市场和娱乐市场的一个方式是用于 LCD 屏幕背光、标识照明、电子信息中心、冰箱灯、显示灯、户外灯、汽车和各种特殊照明市场的高亮度且一般为白光的 LED 的市场规模。这个被称为高亮度 LED（HB-LED）的细分市场在 2010 年已经成长到 100 亿美元以上，轻易超过了激光市场。几个 HB-LED 的制造商现在通常生产近 100lm 来自单个 LED 的 0.75W 民用封装发光管，其中一些在其研发实验室中甚至从单色和白光 LED 中以相等的电驱动功率产出 2 倍的光功率。

1.6.3 LED 的应用

当前，LED 照明市场主要服务于三种细分应用：①直接观看的显示或标识；②照明较小的空间和仅限于其附近的物体，比如冰箱内部，商品展示或工作照明；③为街道、车库等提供户外照明。它们都具有一些共同的特征，即它们都照明平面表面或小的邻近物体；而且这些应用对白光颜色质量的要求一般不是很高。

但对通用照明来说，以高的颜色质量来照明大空间和三维物体是必需的。时至今日，据美国能源部（DOE）的评估，在此类应用中，LED 替换灯的性能依然不及荧光灯和白炽灯。这些 LED 替换灯的成本也高得离谱。

专家们相信，LED 照明在将来某个时候会成为几乎所有照明的不二选择，主要是因为 LED 已被证明在光源层面上比同等的荧光灯和白炽灯具有更高的功效（尽管是在一个小尺寸上）。更进一步，它们的理论功效至少还能提高一倍——甚至在更大的驱动电流下。尽管这点成立，现今的 LED 是平面的、分立式的模组，更高的功效仅在小模组中可转为更高的发光度或亮度，在没有创新的二级光学元件的情况下无法轻易放大成用于全方位照明的大型灯具光源。

将一个 LED 灯放大到能提供 1000lm 左右全方位的、具有高于 90 的 CRI 值的光，从家用白炽灯或紧凑型荧光灯（CFL）的尺寸发出——同时提供足够的热管理设计——是难度相当高的工程成就。如果要求做到这样一个灯的成本与一个 CFL 的成本大致相当，则尤其困难。

然而，LED 在用 RGB（红绿蓝）模组来产生全色数字视频显示或静止图像的远视电子信息屏（EMC）中是明显的赢家。相对于其他灯具，LED 在某些标识照明应用中也是优先选项。标识、显示器和电子信息屏都是被直接观看，所以需要足够亮我们才能看清其内容，但它们不需照明其他任何东西。背光或侧入光照明的 LED 广告牌和框架标识使用靠近标识面的灯，因此一个小 LED 模组的阵列即可提供足够的面照明。LED 灯本征的方向性使它们无法提供大空间或远处大面积的照明。但这种本征方向性使它们更适合零售展示照明（例如珠宝）、工作照明、重点照明和一些街道照明或向下照明。LED 并非本来就有方向性，这样的光分布实际是晶元制造过程所产生的平面几何结构的结果。用半导体以任何其他方式制造 LED 都会很困难，尽管对芯片设计的一些改进可以使它们更适合较大的视角观看。

注框 1.2　有机 LED

迄今为止，我们只讨论了用无机半导体制作的 LED。目前，它们比有机 LED 拥有大得多的市场。用高分子材料之类的有机材料制作的 LED 被称作"有机 LED"或"OLED"。OLED 用于照明各种小显示屏，比如移动电话里用的显示屏。OLED 有两类产品：无源矩阵 OLED（PMOLED）和有源矩阵 OLED（AMOLED）。AMOLED 带有集成电路，可以在同一器件布局中控制 OLED。OLED 作为单个光源单元可用于制造比 LED 大得多的发光面积，再加上 AMOLED 的动态电路控制特点，使其有能力成为自发光屏幕，而不仅限于为 LCD 提供背光或侧入光照明。这类 OLED 电视具有与等离子电视相类似的高对比度优势，而且薄得多，还能产生美丽、明亮和饱和的颜色。尽管目前市场上已经有少量的 OLED 便携式计算机和电视机，但它们的尺寸还小，而且受到热不稳定和低效率的困扰。把 OLED 产品做大已被证明极具挑战性。

LED 灯的最大优势之一是它们与数字技术相匹配。因此，与传统光源不同，灯具设计师可以将智能控制集成到产品中，以根据不同的需求控制能耗和外观。灯也可以被用作通信器件。尽管 LED 技术存在一些挑战，这些灯拥有提供照明以外的广泛应用的潜力。由于其广泛的可用性，随着科学家和制造商努力克服其挑战，LED 的使用将会持续增加。

1.6.4　LED 行业的挑战和局限

预计在未来数年中仍将维持过去 10 年的大幅度加速增长，因为这个市场的大部分将继续用于面向工业和消费者的 LED 背光照明显示屏。LED 天然适合于此类应用，因为它们结构扁平、尺寸小、易于集成，且可以电子控制。LED 的拥护者们预言其市场将很快广泛普及至通用照明领域，最终代替在住宅和商业建筑里的日常用灯。除非 LED 灯可设计成适合大空间照明，具有好的颜色质量和均匀度，并可以低成本生产，这样的预言不太可能实现。

现有 LED 技术的本征特性使其在显示器背光照明和工作及重点照明的应用中取得成功，但同时也使其不适合环境照明。这种特性的核心是 LED 从一个很小的平面表面产生单波长或窄波段的光，导致方向性很强的光分布。还有，由于同一技术平台内的变化以及差别较大的平台之间的互用而产生的变化，当高光通量应用需要将大量的 LED 组装在一起时，其 CRI 和 CCT 颜色参数会有很大的离散性。

为应对这些挑战，需要精通照明的基本原理以及控制和扩展 LED 芯片发光的技术，以提供我们在一个多世纪中已经习惯的或更好的环境照明。这种对原理和方法的精通对制作通用照明用高效替换灯的 LED 工程师至关重要，这些通用灯消耗了照明领域全球能源的大部分。

尽管 LED 产业在从芯片产生光的层面取得了巨大进展，但对大空间照明和三维物体照明的理解还不够。当许多 LED 制造商在试图取代直管荧光灯时仅把分立和平面的 LED 灯围绕固定在现有的管形结构上，这就是很明显的误解。这种 LED 替换灯所提供的照明远逊于我们现在办公室和很多其他商业建筑中所使用的照明。类似的无效方式在行业中随处可见，其中最常见的 A 线灯（即白炽灯泡）被一个由平面的、含有数个 LED 芯片的共用基板的 LED 替换灯模仿，且其外壳模仿了白炽灯泡的形状。尽管这些 LED 替换灯的外部结构很像，这些灯所提供的照明与现有对应的荧光灯和白炽灯完全不同。这是因为，只有当实际光源或光源器件在光学上等同，或当使用了足够的外部或二级光学元件时，同等的照明效果才能够实现。

为用现有的 LED 结构实现这样的光学等效，必须采用一些复杂和新颖的光学设计。这也许会包含物理光学，例如衍射光学或自由曲面光学或集成光学，比如导波光学技术，来对光进行控制和缩放以产生所期望的现有灯具所提供的大空间照明。使用合适的数值技术对这类设计进行精确的模拟对预测此类 LED 灯的光分布行为是必需的。最后，模拟设计必须通过对表 1.3 中所列的参数进行光度学测量来验证。

LED 照明行业的某些挑战与情景有关，因为 LED 科学和技术来自固体物理学和半导体器件工程学（两者都是光电子学的重要领域但不属于照明）。可是，尽管照明科学家和设计师对照明的理解和欣赏超过传统的 LED 工程师和科学家，照明专家对 LED 科学和技术一般不太熟悉。为填补这个裂痕，多个学术和工业学科需要合并起来，以发展出能够恰当地应付生产所期望的 LED 光源的独特挑战的设计、测试和制造平台。

目前的 LED 产业也受困于多项广泛的不一致性，包括产品质量、成本和描述标准。在某种程度上，这些不一致性来源于新技术的本性，一般是新技术在逐步成熟阶段所需要经历的。但要特别指出，一致性的缺乏是源于产自同一个晶圆的 LED 芯片在制造过程中形成的光和电特性的大幅度变化。与此相反，在其他现有电光源中存在的变化要小得多，而这已给总的照明产业设定了期望值。LED 灯的大幅度变化源自一系列复杂的、难以严格控制在很小范围内的化合物半导体材料的生长、加工和制造问题。

这样的控制不足在不同程度上影响着每个 LED 芯片的光电和热特性，因为它们本征地存在相互关联，导致一个费力的分拣流程，实际能分拣出的高端 LED 芯片数目远少于低品质 LED 芯片数目。因此，对于通用照明来说，高亮度和高品质 LED 灯目前还太贵。另一方面，数目巨大的低品质 LED 芯片并未被丢弃，而是卖给了其他供应商，它们将其做成灯并以低得多的价格卖到其他市场。

LED 照明产品和表征测试标准的显著缺乏已延续了一段时间。而且，这依然是灯具和照明设计师及最终消费者关心的主要问题之一。然而，近年来由美国国家标准协会（ANSI）、北美照明工程师协会（IES）、国家电力制造商协会（NEMA）和美国安全检测实验室（UL）组成且受到美国能源部支持的标准机构已经取得了重大进展。这些包括 ANSI C78. 377 - 2008（色度标准）、IES LM - 79 - 2008（电力和光度学测试方法）、IEM LM - 80 - 2008（光通量衰减测试方法）和 UL 8750（安全标准）。其他有关 LED 照明的指导意见、建议和预测文献也可以从这些组织获得[21]。

　　尽管这些标准和白皮书为产业提供了重要的技术支持，用于通用照明的 LED 替换灯的发展依然需要在平台技术上做进一步的改进，也需要针对环境照明的新颖和低成本的解决方案。虽然推进用于照明的化合物半导体工业将会改进能提供更高的灯功效和更好的产品一致性的供应链平台，但是对照明基础的理解在开发能匹配或超越现有照明方案的 LED 灯时仍然是必需的。这些照明基础和 LED 灯设计方法可通过开发基础概念、严格的模拟能力和新的设计技巧来建立。本书的其余部分将致力于给出理解 LED 照明的必要知识；为造出实用并有竞争力的 LED 灯，我们必须用科学术语来了解光的行为，使用一组严格的设计和模拟技巧，精确评估它们的光度学特性，并逐步熟悉一些新的设计概念和方法。

第 2 章

LED 照明器件

2.1 概述

本章详细讨论一个 LED 灯的核心或引擎。它是一个特殊种类的，当正向偏置时会发光的半导体二极管。在 20 世纪 50 年代，由于科学家和工程师们认识到 p - n 结二极管器件在紧凑型集成电路中的潜力，无机半导体在电子领域的开发迅速扩展。在这段时间，为验证高效的辐射发射和探索有趣的应用，很多研究者也深入钻研了各种不同的半导体中这些结器件的光学特性。

在接下来的一个十年中，一系列与各种化合物半导体二极管光辐射相关的发现随之而来。第一个声明于 1955 年来自美国无线电公司（RCA）的鲁宾·布朗石泰（Rubin Braunstein），他报告了对用砷化镓（GaAs）、碲化镓（GaSb）、磷化铟（InP）和硅 - 锗合金制作的简单二极管在室温和 77K 下发出红外辐射的观察[22]。但第一个红外 LED 的专利于 1961 年授予来自德州仪器（Texas Instruments）公司的罗伯特·比亚德（Robert Biard）和加里·皮特曼（Gary Pittman），因为他们演示了对一个 GaAs 二极管加电流会产生光学辐射[23]。在这段时间里，许多半导体研究者的目标是将 LED 的开发延续到演示一个二极管激光器，在 1962 年的夏天，这变成了一个激烈的竞赛[24-26]。到了 1962 年的秋天，IBM 公司、MIT 林肯实验室和 GE 公司的研究小组都成功地演示了激光二极管，为光纤通信、先进医疗技术和其他引人关注的领域打下了基础。

尼克·何伦亚克（Nick Holonyak, Jr.）是他们中的代表人物。与其他人不同，他坚持开发可以在可见光谱范围发光的半导体材料，而其他人则对发射红外区域光的材料感兴趣，因为它们更容易用传统的方式制作。当其他小组在 1962 年秋天成功地演示了红外激光二极管时，何伦亚克自己有两个发现，其意义超出了其他人的想象：第一个可见光激光二极管和第一个可见光 LED！对其他人来说，"可见光"特性并不重要，因为演示任何种类的第一个半导体激光一直就是被寻求的大奖。因此，他们利用常见可用的 GaAs 是有道理的。这可以避免使用任何他们不懂如何制作的合金材料的难题。尽管面对其他人的许多非议，何伦亚克选用了磷砷化镓

（GaAsP），因为他确信他可以用这些材料制作二极管。当他设法使他的 GaAsP 二极管作为一个激光器工作时，它发出了红色的可见激光；与此相反，他的竞争者的 GaAs 二极管激光器发出的是红外辐射。由于 GaAsP 的能隙（也被称作带隙）比 GaAs 的大，所以它发出能量更高的光，把辐射光的波长从红外变为红色。何伦亚克向前更进了一步，他证明：在实验过程中，增加磷的组分，激光相干辐射的光辐射效率逐渐降低直至停止，但二极管仍旧能发射足够强的非相干可见红光辐射——那确实是第一个可见光 LED！

何伦亚克和他的同事继续工作，目标是做出各种稳定的具有所需能隙以发射其他可见波长的光的 III - V 族化合物半导体合金。何伦亚克被视为"LED 之父"。看来，他在用半导体来提供低能耗日常照明方面拥有超凡的远见。逐步熟悉 LED 发明背后的历史和随后几十年中无机半导体光电技术的发展也许会丰富对 LED 照明产业取得显著成功的理解。

2.2　半导体光电子学基础

何伦亚克细调 GaAsP 中磷含量的方法开启了一个利用合金组分来调整带隙，从化合物半导体材料产生多种光谱辐射的重要研究领域。尽管这个成就驱动了"红光"（包括橙光、琥珀光和黄光）LED 和激光二极管产业 30 年的发展，但直到 1993 年，日本日亚化学公司的中村修二用 AlInGaN 合金演示了第一个高亮度蓝光 LED 才开启了白光 LED 灯发展的大门[27]。这个发明是半导体照明产业的又一个里程碑。从此以后，可以用化合物半导体合金器件来可靠并高效地产生整个可见光谱内的光。

> 对光纤通信而言，利用 GaAs 和 InP 化合物及其合金的红外激光器、调制器和接收器变为主要研究领域[28]。

确实，对可见光 LED（和激光二极管）来说，两个分立的基础材料系统成为主导：①基于 GaP 的合金用于红光、橙光和黄光 LED；②基于 GaN 的合金，用于蓝光和绿光 LED。这两种化合物属于 III - V 族，它拥有从 AlN 和 InAs 到 GaAs 和 InP 的许多合金组分，可产生可见、近红外和紫外光谱的波长。这些具有不同组合的合金材料形成不同的带隙能量。GaP 和 GaN 是制作如 InGaP/AlInGaP 和 InGaN/AlInGaN 等的三元和四元合金的合适的基础材料。这些使人们实现所期待的带隙调整，并制作交替的量子阱和势垒的堆叠来提高可见光 LED 器件的内部量子效率。

2.2.1　半导体中的光发射

这里所讨论的化合物半导体具有直接带隙；也就是说，它们的能带中禁带的峰和导带的谷在垂直方向上对齐，如图 2.1a 所示。这样的对齐使电子从一个能带跃迁到另一个能带产生光子时基本上或完全不浪费能量[29]。图 2.1b 展示了一个间接带隙半导体的能带图，其中的光学过程效率较低，因为在能带之间跃迁的电子需要在一个光子和一个声子之间分配能量。声子能产生热量，并随时间进一步降低光子器件的光学稳定性。硅（Si）是一种很适合电子器件的间接能隙半导体，但对光子器件来说，它并没有被证明是一种很高效的有源材料。

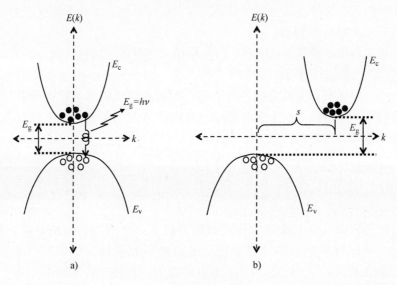

图 2.1　带缘结构的简化视图：a）直接带隙半导体，其中光子能量等于带隙能量；
b）间接带隙半导体，其中光子能量等于带隙能量减去声子能量。声子能量是声子波矢量 s 的函数

　　这个能带之间的跃迁是电致发光过程的一部分，当一个 LED 处于正向偏置的电输入时通过这个过程产生光。

2.2.2　LED——半导体二极管

　　LED 是半导体二极管，由接合分别具有高密度带电空穴和电子载流子的 p 和 n 型材料构成。在两类材料的接合面形成一个结，其中电子和空穴通过由热激励引起的反向扩散和漂移运动交换位置。这样的运动产生一个内在的势能（V_{bi}），其强度由热平衡条件决定。在该平衡态下的净载流子运动必须停止。只有当结中的能带以等于 V_{bi} 的量弯曲使结中找到两种载流子的概率相同（50/50 概率）时，这个条件才能被满足，这是热平衡状态所必需的。从数学上来说，这相当于要求二极管中所有地方的费米能级为一个常数，如图 2.2a 所示。图中显示了一个 p-n 结在无外力作用的热平衡状态下的能带弯曲。可是，当对二极管施加一个正向偏置电压 V_f 时，能带弯曲以 V_f 的量减小，扩散电流超过漂移电流。现在，一个净扩散电流从 p 区流向 n 区，如图 2.2b 所示。当施加一个反向电压 V_r 时，能带弯曲增加，如图 2.2c 所示，在此情况下没有扩散电流——只有在反向上的一个很小的漂移电流，但没有

正向电流。从本质上说，流经结的反向电流可以忽略不计，除非结在非常高的反向偏置下被击穿。

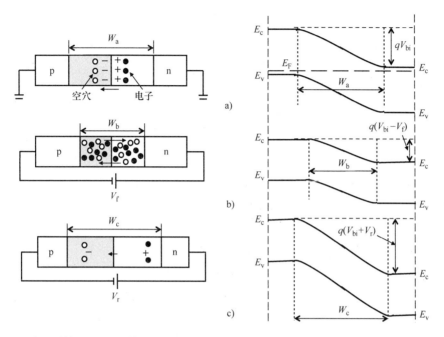

图 2.2　在三种情况下 p-n 结的图示（左）及其相关的能带图（右）：a）在热平衡和无外加偏置的情况下；b）在正向偏置 V_f 下，它将能带弯曲值减少了 V_f；c）在反向偏置 V_r 下，它将能带弯曲值增加了 V_r。结宽度随外加偏置改变，满足 $W_b < W_a < W_c$ 条件

在正向偏置下，较大的电子和空穴扩散电流在结区中驱动空穴从 p 型材料流向 n 侧，并驱动电子从 n 型材料流向 p 侧。这种少数载流子的双向注入使电子和空穴在结中复合。在这样一个电子-空穴复合过程中，当电子跃迁到低能级释放能量时可以产生一个光子。在间接能隙半导体中，所产生的光子的能量与电子释放的能量相同，也等于带隙能量。这些量之间的关系由下式表述：

$$E_e = E_g = E_p = h \cdot \nu \tag{2.1}$$

式中，E_e 和 E_p 分别是电子和光子的能量；h 是普朗克常数；ν 是光子频率。使用黄金法则关系

$$c = \lambda \cdot \nu \tag{2.2}$$

式中，c 是光速；可以将光子的波长 λ_p 写为

$$\lambda_p = \frac{hc}{E_g} \tag{2.3}$$

因此，光子波长（即光的颜色）由带隙能量 E_g 决定。

2.2.3　LED 器件结构

在一个简单的 LED 器件结构中，被称作有源区的 p-n 结由外延生长的薄 p 型和本章前面所讨论的基础材料 n 型合金层构成。如图 2.3 所示，在这些材料层上形成正和负电极，通过这些电极可以用电力驱动二极管发光。

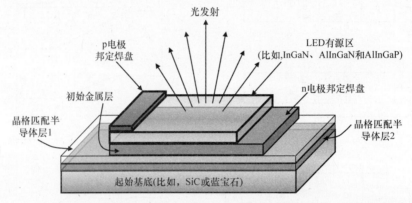

图 2.3　面发光 LED 芯片或晶圆的示意图，显示其基本特征和光发射方向（此图并非按比例画出）

在通常的面发光 LED 芯片中，大部分的光仅从一个面逸出，因为另一面被基片或其他附加的基底阻挡，在这些基底上可以安装散热片以通过传导散出多余的热量。然后，通过把这样的 LED 芯片或它们的集群安装到同一个导热基底上并密封在一个高分子的圆顶外壳中，将其封装成单个表面贴装器件（SMD）。图 2.4a 是一个由单个 LED 芯片封装的 SMD 模组横截面的示例图，而图 2.4b 是一个由四个 LED 芯片封装成的单个 SMD 模组的三维示例图。

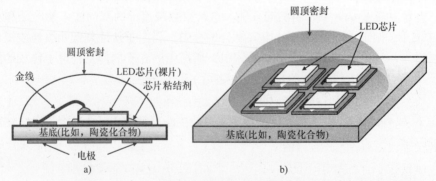

图 2.4　SMD 模组图显示：a）内部装有一个 LED 芯片、封装后的 SMD 模组的侧视图；
b）在同一基底上装有四个 LED 芯片的 SMD 模组的透视图

这些模组中的简单的塑料圆顶形外壳一般不改变 LED 光输出的分布。单个 LED 芯片的光分布近似朗伯分布，如图 2.5a 和 b 所示。可以用这个圆顶作为二级光学透镜元件来改变光分布以适合不同的应用。

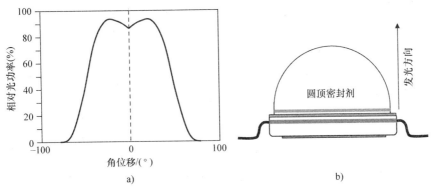

图 2.5　a）封装后单个 LED 的典型配光分布截面图；b）相应的封装后模组的侧视图，其中
LED 芯片的宽度几乎与图 2.5a 中所示的光分布轮廓的最大宽度相匹配。
这样一个 LED 模组的光分布近似于朗伯分布

2.2.4　白光 LED 的构造和挑战

市场上多数白光 LED 利用基于 GaN 材料制成的蓝光 LED 芯片和一些类型的黄色或暖色荧光粉涂层，直接置于芯片上或置于高分子材料或树脂外壳上，甚至涂在最终外壳的表面，透过荧光粉的蓝光经历斯托克斯频移降频并显示为白光。这由中村修二首次演示，他因发明蓝光和白光 LED 获得 2006 年的世纪技术奖[30]。白光 LED 灯也可由组合几种单色光，比如红光、绿光和蓝光（RGB）LED，通过电子调混成合适的颜色比例来构造。对多数应用来说，RGB 型白光 LED 目前不比基于 GaN 的 LED 更受欢迎，因为多个 LED 芯片的成本较高；特别是在它们老化时，它们的颜色不一致性较明显，还需要额外增加的驱动电路。

光通量和亮度明显高于指示灯的白光高亮度（HB）- LED 在 LED 照明和显示工业拥有最大的需求。有趣的是，目前击败其他技术作为首选的基于 GaN 的白光 HB - LED 器件，受到产生高亮度所需的大驱动电流下内部量子效率显著下降的困扰。该现象被称为"垂沉"。在许多年中，这都是行业中一个争议性的课题，因为 LED 科学家和工程师还没有在其产生的原因上达成一致。不同的研究小组给出了针对垂沉的不同物理成因并都提供了相关的实验结果[31-33]。垂沉现象基本上是指，当电流注入增加到某个点之后，对驱动电流来说非辐射电子 - 空穴复合的量增加或辐射复合的量减少。争议在于，在大电流下是什么原因导致了净辐射复合效率的下降。

有些人认为俄歇复合过程是非辐射过程的主因。根据弗雷德·舒伯特（E. Fred Schubert）和戴（Dai）等人的说法，在基于氮化物的 LED 中，非辐射过程因电流泄漏变为主导。他们在注入电流密度值超过 $0.1 \sim 10 \mathrm{A/cm^2}$ 范围时观察到垂沉[31]。其他研究小组也宣称，这些电流水平之上的垂沉现象只有在计入泄漏出有源区的电流时才能被完全解释。舒伯特（Schubert）的小组在有源区中有量子阱的蓝光 LED 中找到了几种泄漏机制。这些包括因缺少电子俘获进量子阱和电子从量子阱逃逸造成的量子阱外电子 - 空穴复合。他们给出了解决方案，包括通过一个空间电子阻隔层引入电子吸引，通过调整该层的 p 型掺杂特性并将 GaN 中的电子和空穴迁移特性的不对称性最小化。

2.2.5　蓝光 LED 的特殊挑战

包括以 GaN 和 GaP 为基础制作的材料在内，所有 LED 结构中都观察到，在大电流下材料的内量子效率（IQE）下降。但在室温或接近室温下，GaP/InGaP/AlInGaP 材料系统中的红光 LED 在大电流下的量子效率下降比 GaN/InGaN/AlInGaN 材料的蓝光 LED 要小得多。在 2012 年，Shim 等人（舒伯特小组的一部分）展示了一个基于 GaP 的红光 LED 样品在 630nm 的轻微垂沉。其数据如图 2.6 所示，显示出在 50mA 下的外部量子效率下降仅约为 1.6%。

类似地，欧司朗光电半导体公司展示了在一种基于 GaP 的 615nm 红光 LED，在 100mA 注入电流下其功效仅下降 3.7%[34]。反之，戴等人（舒伯特小组成员）获得的如图 2.7 的结果显示，对于一个基于 GaN 的 LED 器件来说，在 50mA 和 100mA 下 IQE 的下降分别为 50% 和 64%[31]。通过下面的实例我们可以看到，对三个不同参数——即功效、外量子效率和 IQE——这样的下降比例都成立。注意，当驱动器效率为 1 时，外量子效率与第 1 章中式（1.4）里的总效率是一样的；在这种情况下，电流直接作用于 LED 芯片。

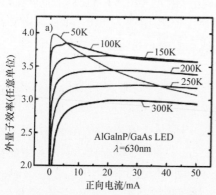

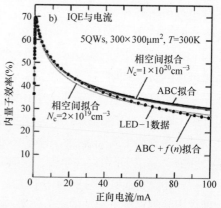

图 2.6　不同温度下测得的 AlGaInP/GaAs LED 外量子效率与外加电流的关系曲线。在温度 300K、电流 50mA 下的垂沉幅度为 1.6%。这远小于 GaN 基材料蓝光/绿光 LED 在类似条件下所观察到的垂沉（经许可印自 Shim J. - I. 等人，2012，Applied Physics Letters 100：111106，版权 2012，美国物理学会）

图 2.7　GaN/InGaN LED 内量子效率计算值和测量值与外加电流关系的比较。在温度 300K、电流 50mA 下的垂沉幅度为 50%。这远大于 GaP 基材料红光 LED 在类似条件下所观察到的垂沉（经许可印自 Dai，Q. 等人，2010，Applied Physics Letters 97：133507，版权 2010，美国物理学会）

例 2.1a

对一个特定的单色 LED 灯来说，其功效与 IQE 呈线性关系。这个关系之所以成立，是基于式（2.10）中所描述的光度函数的特性，这将在 2.4 节讨论。条件是 LED 灯的光提取效率和驱动器效率保持恒定。在实践中，当所有的芯片和封装参数保持恒定时，这些要求都能满足，这对于特定的灯是常见的情况。假设所有的芯片和封装参数对一个 LED 灯保持恒定，我们利用第 1 章 1.5.5 节的式（1.4）中的组合特性很容易证明功效与 IQE 的线性关系如下：

$$\eta_T = \eta_{int} \cdot (\eta_{ext} \cdot \eta_{dr})$$
$$\Rightarrow \eta_T \propto \eta_{int} \tag{2.4}$$

因为 $\eta_{ext} \cdot \eta_{dr}$ 是常数，所以 L.E.（发光功效）$\propto \eta_T \propto \eta_{int}$。因此

$$L.E.（单色 LED）= k_1 \cdot \eta_T \tag{2.5}$$

且

$$L.E.（单色 LED）= k_2 \cdot \eta_{int} \tag{2.6}$$

式中，k_1 和 k_2 为比例系数。

由此推断，单色 LED 中一定百分比的功效下降等同于同样百分比的总效率（有时被称作"外量子效率"）和内量子效率的下降。

例 2.1b

类似地可以论证，对基于荧光粉的白光 LED 来说，L.E. 与内量子效率和总效率也呈线性关系，条件是荧光粉参数保持恒定。因此可以得到

$$L.E.（白光 LED）= m_1 \cdot \eta_T \tag{2.7}$$

及

$$L.E.（白光 LED）= m_2 \cdot \eta_{int} \tag{2.8}$$

式中，m_1 和 m_2 是比例常数。

由此推出，白光 LED 中一定百分比的功效下降等同于同样百分比的总效率（有时被称作"外量子效率"）和内量子效率的下降。

尽管蓝光 LED 中明显的垂沉效应的主要原因还未被一致确定，但很显然，目前生长在蓝宝石和碳化硅（SiC）上、基于 GaN 的合金材料因其半导体合金膜与基底材料之间的原子结构和热膨胀系数的不匹配会产生出严重的高密度缺陷。这类混合生长与纯或同质外延生长过程相比不太理想。在纯生长中，外延层和基底属于同一材料系统并具有同样的晶格常数，只是合金成分可能不同。可以利用这个生长过程的材料系统的例子有 GaAs 和 InP。它们本身就被用来作为主体基底，许多拥有匹配的晶格常数的不同合金可以在上面外延生长。

这样的过程可以产生高质量的具有精确带隙和控制到单分子层膜厚的多层单晶 III - V 族半导体合金。这些外延层具有很低的缺陷密度，因此展现出原子层面的光滑表面。金属有机化学气相沉积（MOCVD）和分子束外延（MBE）是在精细控制下生长这些高质量材料的合适技术。MOCVD 被广泛用于化合物半导体光电和电子

器件的商业化生产，因为它更适合于大面积和较高均匀度的晶体生长。尽管利用 GaAs 和 InP 材料系统生产出的 LED 表现出小得多的垂沉，但根据它们的带隙能量，还不能发出蓝光。

2.2.6 基于氮化物的 LED 基底

迄今为止，蓝宝石和碳化硅依旧被证明是生长 Ⅲ - Ⅴ 氮化物合金的最好的基底选择，因为它们已被完善到能够制作大面积高结晶性的晶圆。更进一步，它们与 AlInGaN 的热吻合较好，并与 MOCVD 方法相匹配。相反，整块 GaN——尽管理论上是基于 GaN 合金生长的理想基底——还没有变为现实，由于其材料开发过程的极度困难，致使只能以很小的尺寸存在。其结果是，蓝光和蓝 - 绿光 LED 制造商依旧以采用异质外延或混合生长技术为主，且这些器件在 LED 有源区域展现了相当高的缺陷密度。这被认为是 Ⅲ - Ⅴ 族氮化物材料系统中量子效率降低的原因，特别是在大注入电流下。

垂沉挑战依然是将 LED 灯产业推向一个新高度的主要瓶颈之一。结果是，一些 LED 研究者、工程师、学者和企业家在继续开发用于大规模白光 LED 制造的商用整体 GaN 基底[35,36]。他们觉得，由 GaN 异质外延所造成的高密度错位是在大注入电流下造成材料 IQE 下降的本质问题，其解决方案是开发高质量的 GaN 基底。但是，还没有报告展示如何合成大面积单晶形式的 GaN。内在的困难来自 GaN 的耐熔特性（同样的特性使它适合于广带隙器件应用），以及其抗热酸和抗碱性，使它们不易用基底外延生长所必需的任何传统的表面预处理方式来处理。

如本节前面所讨论的，蓝光 LED 用于激发一些不同颜色的荧光粉来产生白光。最常用于白光 LED 灯的荧光粉是黄色的，它一般是掺有铈的钇铝石榴石（Ce^{3+}：YAG）。由于各种应用需要具有不同颜色的白光，不同的短波长和单色光源如蓝光、紫光和紫外光 LED 被与各种颜色的荧光粉一起使用，以获得具有高显色指数（CRI）和各种相关色温（CCT）的白光[37]。荧光粉的加入会因吸收和散射造成光学损耗。这些将在 2.4 节与增加整体白光 LED 的功效联系讨论。

2.3 化合物半导体材料和制造工艺的挑战

与硅基器件的制造相反，Ⅲ - Ⅴ 族化合物半导体芯片制造在爆发性市场增长和大幅度价格降低上一直落后。这个落后在化合物半导体通用光电器件上更加明显，而在前面几节所讨论的基于氮化物的高亮度 LED 中差距更大。半导体的特性对热变化本来就敏感，尤其对光过程来说。因此，LED 灯的功效、亮度、颜色质量和稳定性依赖于很多参数，它们之间的相互关联相当复杂。这些照明特性在很大程度上与芯片设计尺寸、材料质量和制造精度有关。

在这些因素中，材料质量是最关键的因素。当材料形态和均匀度不良、质量劣化时，它是造成众所周知的化合物半导体成品率问题的重要因素。在照明行业中，这个问题引起"分选"（即将 LED 分选为不同的类别与最终的灯和灯具性能匹配）。需要对在合适的基底上高质量地外延生长化合物半导体的过程做出重大的改进，以显著增加 LED 灯的成品率。

LED 器件制造牵涉到电极的形成、镀膜、钝化、贴片和分割，以及其他流程使每个芯片都适合下一步的封装和测试。所有制造出的结构都必须完好无损，以在较大的热变化和机械应力条件下以最小的泄漏电流和相关的光性能变化产出稳定的电流－电压特性，以保障在 LED 灯寿命期内可靠的照明性能。LED 工程师需要确定可接受的制造误差范围，并确保制造平台在允许的误差范围内运作，以保持在一定边界条件内 LED 器件的性能。

2.3.1　成品率或分选效应对成本的影响

目前，用来替换现有灯具的 LED 灯的价格还偏高。这个高成本问题不会随着出货量的增加而自行消失。尽管对一些产品来说，一个巨大且增长的市场，加上工厂的大量出货可缓解高成本问题。这还不适用于 LED 灯，因为以高度的可重复性制造 LED 灯还非常复杂。这是用于通用照明的 LED 灯的最困难的瓶颈，其中颜色、光量和分布参数必须控制在一个很严格的规格范围之内。现有的灯尽管有些不如 LED 灯能效高，在目前的市场上存在大量光特性的均匀程度更高的产品。简单地增加产能以弥补高成本，而不是理解和解决现有 LED 芯片制造平台中存在的大规模性能起伏背后的复杂问题，将只会加大分类箱的宽度。这将为拓宽 LED 灯的应用范围造成新的挑战。这个途径在降低 LED 成本上会失败，甚至可能会因针对目标应用而匹配多得多的 LED 的费力程序而增加成本。

尽管 LED 工业已经大幅度增长，它在整个照明工业中依然只是占据了不大的一个环节，而照明工业巨大且仍在增长。但因 LED 灯独特的现有和潜在优势，预期 LED 工业的增长将远超过整个照明工业的增长。一个独特的优势是 LED 灯可以不需要来自电网的电力。由于近 22% 的全球人口仍过着没有任何人工照明的生活，另有 14% 的全球人口过着没有可靠电力供应的生活，无需电网电力就能运行的灯也许会是为近 26 亿人口在夜晚提供光照的最快和最实际的方式。

可是，在世界上其他地方，LED 照明必须在成本和质量上与现有的照明解决方案竞争。对多数应用来说，当 LED 灯的初始首次成本（IFC）过高，而且与荧光灯相比，端到端系统能效仍不够好或不是好很多时，来自能效的远期收益论点就变得软弱无力。IFC 是制造复杂性的直接结果，它必须被适当地确认、评估和解决。创新的解决方案必须被应用于整个供应链——特别是要改进半导体材料的生长、处理、制作和测试方法，以生产出可靠、均匀和可复制的 LED 灯。

为了大幅度降低 IFC，必须在下述五个领域改进现有实践以降低制造成本：

1）自动化生产；

2）启用标准；

3）芯片库存生产和管理；

4）化合物半导体技术进步；

5）大规模生产过程控制。

相对于硅集成电路（Si - IC）的制造来说，上述每个类别都较复杂且相当独特。LED 的独特性来自一个重要的区分特性——就是光！光器件牵涉到多得多的复杂工程设计、模拟、供应链制造程序以及最后评估的过程，对此能快速执行的高度自动化很难做到。

2.3.2　自动化生产

在半导体制造设施中，Si - IC 的制造从材料形成（晶圆生长）到最终封装后的模组都利用了高度的自动化。这种端到端的可靠的自动化产生了如智能手机和平板电脑这样如此低价但却相当复杂的电子器件。回到 1965 年，英特尔公司联合创始人高登·摩尔在"摩尔定律"中预言了这种自动化的力量。他指出，在低价的集成平台中，IC 中晶体管的数量将接近每两年翻一倍。自 20 世纪 70 年代以来，这个预言对于 Si - IC 来说依旧成立。当制造成本随 Si - IC 中器件数量的增加而在这么短的时间里进一步降低时，终端用户得以享受低价但越来越复杂的电子装置。虽然有很多预言和期望，但是类似的预测在化合物半导体工业中从未实现。对化合物半导体光电工业来说，降低成本的方案变得愈加渺茫。

LED 制造商能从 Si - IC 半导体制造商借鉴其自动化过程吗？还不能，也不完全可以。很显然，LED 制造商在生产过程的不同阶段必须集成更多的自动化和批量处理来测试和表征重要的光电和照明参数。具体地说，批量表征可用于基片、半导体材料、模具和 SMD - LED。低成本的测试和表征牵涉到非破坏性的方法（比如一个当提取灯具评估数据时不牺牲晶圆和器件的系统）。这样的自动化需要相当的投资资本来取得新的测试设备和方法以及封装体系。

2.3.3　标准化的实现

在制造过程中的每一步实施标准化会降低材料、工艺和封装的成本。标准化也能使自动测试的执行快速而有效。在理想情况下，最开始的步骤就是要应用 LED 灯的制造标准——例如，减少各种基片的尺寸和类型。可是，对白光 HB - LED 来说，许多技术仍处于验证阶段，这使得确定基片的标准变得困难。例如，除了一些公司重新使用块状 GaN 基底以推翻更通用的蓝宝石和碳化硅基底，有些制造商利用在硅上生长 GaN 外延层方面正在取得可观的进步[38, 39]。尽管块状 GaN 基片可能会改进二极管激发材料的外延质量，它们的尺寸会远小于硅基片的尺寸。因此，任何潜在的成本节约都只是和高质量之间的取舍。

为克服这一矛盾，其他小组认为先在较小的、最适合的基底（一般为 2in$^\ominus$或 4in 直径）上生长高质量 GaN 基材料，然后应用外延分离转移到较大的晶圆上进行

$\ominus$　1in = 2.54cm。

下面的制造步骤[40]。这样的混合过程可能会是最佳的低成本解决方案，因为 8in 基底生产线的较高吞吐量会在每个生产周期生产出更多的 LED 器件。

如此不同的解决方案对其他制造步骤提出了相应的挑战，这里频繁的创意、改变和创新使器件设计布局、制造流程和测试方法中采用的标准变得复杂。尽管如此，LED 工业必须聚焦于此类标准的实施，因为它也可以推动不同 LED 供应链卖家之间的兼容性。以此，通过合法的工业竞争降低 IFC，并加速新产品进入市场。

2.3.4　芯片生产和库存管理

LED 工业分为两个部分：许多不同变化的 HB – LED 和其他。所有 HB – LED 最终都进入各种的应用，包括显示背光照明、冰箱照明、零售店、街道、汽车和通用照明。许多制造商没有系统的生产线或库存管理流程来大量生产针对这些应用的不同的 LED 灯。替而代之的是，现有的筛选过程包括手工测试和匹配大量的 HB – LED，其成本高且费时。或许理想的情况是制造商仅生产少数几类来自相应很少几个生产线的 LED 模组，这些模组之间仅由一两个参数来区分，如它们的光输出水平、功效或色温。

更进一步，如果制造商将带有颜色的荧光粉放在封装的二级光学部分而不是把它们镀在单个 LED 芯片或模组的封装上，色温的区别将被推进到更接近最后的封装阶段。采纳这种方式将使制造过程更加灵活和可伸缩，导致更快的交货时间和更好的库存管理。图 2.8 展示了这种配置的一个案例，它是一个来自飞利浦公司的把荧光粉用在灯的最外表面的一个 A 线（即直接接入交流电源的）LED 灯泡。

但是，把荧光粉从 LED 芯片分离需要针对不同的应用取得并使用合适的照明参数组合，它可以从第 1 章中的表 1.3 中获得。这个方法的优势是，同一个 HB – LED 芯片或 SMD 可用于各种不同的应用，因为对颜色和光分布特性的调整现在可以放到生产过程的最后一步，而不是放在前端。

图 2.8　来自飞利浦公司、用于替换常规 A – 19 60W 白炽灯[⊖]的 12.5 W LED 灯。皇冠形的圆顶镀有黄色荧光粉与灯内的蓝光 LED 芯片配合产生白光

⊖　A 系列为最常用的螺口灯泡，19 指灯泡直径为 19/8in（约 6cm）。——译者注

2.3.5　化合物半导体的技术进步

如前所述，从化合物半导体材料中高重复性地产生光存在复杂性的挑战，因为很多物理参数相互关联且具有高度的温度依赖性。需要大量针对化合物半导体材料及其处理的理论物理学和实际工程学研发来取得在制造环境下对这些参数的精确控制，以此来改进 LED 的光质量、效率和成品率。

化合物半导体，特别是基于 GaN 的材料，拥有较高的缺陷密度，因此需要大量工程学和应力控制流程来改进 LED 的功效和可靠性。这些仍在研发中，因此——与在大规模制造平台中已经发展出可靠的实用材料、流程和相关模拟链接的 Si - IC 制造不同——GaN - LED 仍有待于发展出这样一个基础设施。

2.3.5.1　LED 材料科学

自日亚公司的中村展示出第一个 AlInGaN 材料的蓝光 LED 以来，LED 材料科学经历了引人瞩目的发展。早期的这种 LED 随时间迅速劣化并基于施主-受主光学复合运行，它产生一个对提供颜色饱和度不利的相当广的光谱。为得到高颜色饱和度的更稳定的 LED，辐射复合应仅来自带到带的直接跃迁。日亚公司早期 LED 的 AlInGaN 合金成分范围很小，限制了有源层和基底材料之间的晶格匹配。更宽的四组分合金成分范围有助于将晶格不匹配所引入的错位最小化。

在 LED 学术界和工业界，III 族氮化物合金中错位在光复合过程中所扮演的角色是一个持久的研究课题。让半导体科学家一直感到惊奇的是，尽管这些材料中的错位密度很大，蓝光 LED 的光辐射依然很可观，特别是在小电流下。人们逐渐明白，错位对氮化物器件的损害相比具有相当物理特性的砷化物和磷化物器件要小。但是，科学家依旧相信错位会削弱器件的效率。它们可通过在或接近错位处的非辐射复合损害正常运行，在生长过程中俘获多余的杂质，并减缓载流子的速度。

在基于氮化物的材料中错位的大量减少也许可以用结合下述方法的生长策略来达成：①有效的缓冲层，让蒸镀一个无错位的"种子"氮化物层成为可能；②通过四相层结构的方式，让随后所有具有单一晶格常数的外延层都与"种子"氮化物层晶格匹配；③合适的基底选择。通过对合金的晶体学、电子和光特性的定标进行的适当研究将使成功展示具有低错位密度的基于单晶 GaN 的材料成为可能。

另一个难度来自在光谱的整个蓝-绿部分只用带到带的跃迁来生产可见光 LED。这个过程要求制作出具有小带隙能量的低应力薄膜。尽管小带隙 GaAsN 合金可以在较广的绿色光谱范围产生辐射，LED 工业已基于高黏合强度和更好的颜色饱和度而选择了大带隙的 InGaN 材料。后者在达到 InGaN 的一个临界外延层厚度时需要被证明依然成立，以在仅使用带到带跃迁时保持低错位密度。可以通过发展理论能带结构模型以研究包括能带对齐、掺杂特性和跃迁强度的材料特性来达到此类优化。

2.3.6　大规模生产的工艺控制

如果基于 GaN 或其他化合物半导体 LED 芯片中大幅度性能起伏的核心缘由未被解决,大规模生产自动化、工艺控制和标准化将依旧困难。只有在所有的变化和失效可以被定量、容许以及合适的参数可以被调整以延续按序处理,产出可为最终产能所接受的特性时,工程师才能建立按序处理步骤之间的可靠交接。为 LED 创造这样一个平台需要建立整合光学、热学、机械和电子方面的材料数据库,工艺模拟,完整的器件仿真和封装模拟之间的流程链接。这些在模仿 Si – IC 半导体工艺控制领域的基础上都需要,它包括批量间的控制、数据挖掘和设备跟踪。

没有这样的无可否认地与化合物半导体材料的生长和制作挑战相关的工艺控制制造平台,较大直径基底的益处会很少。类似地,较大芯片尺寸和材料表征设备的批量工装所带来的益处将不会显著地影响 LED 灯的成本削减。尽管建立运行良好的大规模 LED 生产平台看上去像是不可逾越的挑战,固态照明工业已经开始认识到生产低成本、高质量 LED 灯的特殊困难。当生产挑战可被精细控制时,最终的成效或成果将以更高的分类成品率和具有低得多的 IFC 的高质量 LED 替换灯的形式展现。

2.4　确定和改进 LED 照明功效

在前面的章节中我们看到,单色 LED 照明效率依赖于 1.5.5 节式 (1.4) 中给出的内量子效率、光提取效率和驱动器效率。前几节中讨论的内容包括材料的 IQE 如何因错位密度、跃迁种类、电极质量和其他因素而受到基底、材料和制造参数的影响。在本节中,我们将看到总效率如何被量化,以及如何估算单色和白光两者的 LED 功效。我们将讨论如何改进各种光提取效率因素,然后尝试估算常用的白光 HB – LED 的实际功效限制范围。

2.4.1　LED 效率和功效的定量化

当正向偏置时,LED 发出单色光,其颜色由基于式 (2.3) 给出的半导体材料的能隙决定。如前面几节所述,光发射效率在很大程度上取决于有源材料的质量。由于关乎 III 族氮化物材料的生长的挑战,在蓝色和蓝 – 绿色光谱区域的 LED 与基于 GaP/InGaP/AlInGaP 材料系统制作的红色光谱区域的 LED 相比拥有低得多的材料 IQE。

用 AlInGaN 有源材料的高功率蓝光 LED 的 IQE 接近 70%,而由 AlInGaP 有源区域构成的相对应的红光 LED 的 IQE 几乎达到 100%[41]。总内量子效率是材料 IQE 和器件效率的乘积。器件效率取决于外加驱动电流在有源区影响辐射复合的能力。因此,它取决于包含量子阱的有源层的设计,以及电极的布局和接触电阻。为将器件效率最大化，横跨 p–n 结的压降应当均匀，整个电场的强度应与整个结区重叠，且无有源区外的泄漏。在有源区，所有载流子都应被约束并能与其带相反电荷的对象辐射复合。

LED 模组发出的光量受制于光提取效率 η_{ext}，它依赖于材料的内部吸收，以及来自系统中各种表面和材料的反射和散射，包括磷基 LED 里的磷。合适的折射率匹配和高质量的荧光粉和半导体材料将改进从芯片封装体至任何外部区域的光功率传输的重积分。最后，将注入电流传送至半导体二极管的驱动器的效率 η_{dr} 限制了整体 η_{T}。

因此，为计入所有各项，式（1.4）可重写为

$$\eta_{\text{T}} = (\eta_{\text{IQE}} \cdot \eta_{\text{dv}}) \cdot (\eta_{\text{Lop}} \cdot \eta_{\text{Pop}}) \cdot \eta_{\text{dr}} \tag{2.9}$$

式中，η_{IQE} 和 η_{dv} 分别为材料 IQE 和器件效率；η_{Lop} 和 η_{Pop} 分别为 LED 和荧光粉的光通量效率。

磷基白光 LED 会因斯托克斯位移所带来的热损耗和光散射损耗而劣化。通过优化荧光粉的选择，它们在模组封装中的位置，以及它们的物理参数和蒸镀技术可以将这些劣化减到最小。提高磷基白光 LED 的发光功效将依赖于在荧光粉损耗的最小化和开发效率更高的短波长 LED 光源上取得的进一步成果。

对单色 LED 来说，效率和功效的测量及计算比白光 LED 更简单。单色 LED 的总能效 η_{T} 的实验确定可简单地通过测量辐射功率（W）并将其除以加于 LED 的电功率（W）来获得。随后可从先利用下式计算光通量来确定这些单色 LED 的发光功效：

$$F_{\text{m-LED}} = (683.002 \text{ lm/W}) \cdot \int_{L_1}^{L_2} V(\lambda) \cdot J(\lambda) \, \mathrm{d}\lambda \tag{2.10}$$

式中，$V(\lambda)$ 是无单位的标准 CIE 明视觉视见函数（一般 $L_1 = 380\text{nm}$，$L_2 = 780\text{nm}$）；$J(\lambda)$ 是光辐射的光谱功率分布（W/m）。$F_{\text{m-LED}}$ 被加于 LED 的电功率（W）来除后即可轻易得到发光功效。

如果 LED 的主要波长在 555nm 且颜色饱和，所有光功率都集中在这个波长，则发光功效是 η_{T} 和 683.002 的乘积。这当然是理想情况。可是，对于一些最好的近饱和的 555nm 附近拥有接近 60% 的 η_{T} 的研发用绿光 LED 来说，可以对其功效做出粗略的估算，结果约为 410lm/W（在 555nm 绿色激光的情况下，这个近似更加成立）。但是，在同样的效率下，蓝光 LED 的发光功效要小得多，它只能用式（2.10）来精确估算。图 2.9 展示了如何应用式（2.10）来计算蓝光 LED 的总光通量输出。

蓝光 LED 最常用于制作白光 LED，因此确定蓝光 LED 芯片多么有效，它们还能改进多少，什么地方需要改进，以及最后什么是与之相对的白光 LED 的实际功效极限非常重要。

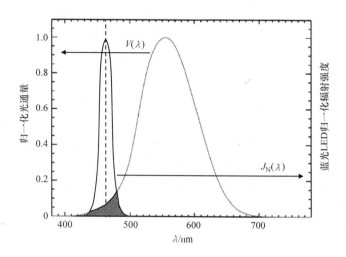

图 2.9　测得的 InGaN 蓝光 LED 的归一化光谱功率分布 J_N（λ），以及 CIE V（λ）明视觉视见函数与波长的关系。阴影区域是两个函数的重叠区，当它乘以合适的比例常数即可得出 LED 的光通量

为确定蓝光 LED 的效率因子，在式（2.9）中应去掉荧光粉效率因子改写为

$$\eta_T = (\eta_{IQE} \cdot \eta_{dv}) \cdot (\eta_{Lop} \cdot \eta_{dr}) \tag{2.11}$$

以这种方式确定蓝光 LED 灯的效率特别有助于在二次光学元件中使用荧光粉的白光 LED 灯。

例 2.2

现在让我们使用一些报道的商用量产质量的蓝光 LED 的最好效率值，并假设一些公式中其他参数的已知典型值来估算式（2.11）中各种效率因子的一些数值。从而我们针对式（2.11）收集了下列参数：

$\eta_T = 0.58$（商用大功率蓝光 LED 的典型高端值）

$\eta_{IQE} = 0.7$（戴等人，见图 2.7；代表材料 IQE 的计算或测量值）

$\eta_{dv} = x$（包括所有器件效率劣化因素所引起的垂沉）

$\eta_{Lop} = 0.95$（假设采用了业界最好的从 LED 芯片的光提取值；劣化包括器件光学反射、内部散射和吸收）

$\eta_{dr} = 1$（蓝光 LED 芯片直接由一个电流源驱动）

由式（2.11）得到

$$\eta_{dv} = 0.87$$

这意味着垂沉造成的劣化约为 13%。这个数字令人鼓舞，因为仅在几年前垂沉劣化曾在电流超过 100 mA 时被定量为 55% 左右。

当使用例 2.2 中类型的蓝光 LED 时，业界报道的相关典型功效值为 125 lm/W。欧司朗光电半导体公司在 2012 年 2 月的发布会中支持了这个报道。它报告了来自在 6in 硅基底上制作的基于 GaN 的 LED 的一些令人鼓舞的研究结果[39]。他们在其标准的金龙 + 封装中成功地制造出了 GaN – on – Si – LED 器件。它在 438nm 的主波长上产出了 634mW，此时驱动电输入功率为 1. 102W——在芯片水平上得到 57. 5% 的效率。这些结果与他们在蓝宝石上生长的 GaN – LED 不相上下。欧司朗公司宣称，他们预计低成本的 GaN – on – Si 工艺可以在两年内投产，最终会加大硅基底的尺寸以进一步降低成本。

欧司朗公司还报道了用这些蓝光 LED 和传统的黄色 YAG 荧光粉制作封装后的白光 LED 的发光功效为 127lm/W，其 CCT 为 4500K。他们宣称这个功效是由在注入电流为 350mA 和 V_f = 3. 15V 时所获得的 140lm 的光通量值所确定的。

如前述欧司朗公司所制造的白光 LED 的光通量由测量其在可见光区域的光谱密度或功率分布并将其与 $V(\lambda)$ 函数做如下重叠来确定：

$$F_{w-LED} = (683. 002 lm/W) \int_{L_1}^{L_2} V(\lambda) \cdot K(\lambda) d\lambda \qquad (2. 12)$$

式中，$V(\lambda)$ 是无量纲的标准 CIE 明视觉视见函数；L_1 和 L_2 与式（2. 10）中相同；$K(\lambda)$ 是光辐射的光谱功率分布（W/m）。将 F_{w-LED} 用施加于 LED 的电功率（W）相除，随之可轻易地得到发光功效。

图 2. 10 显示了一个测得的 $K(\lambda)$ 函数的归一化值，在同一波长横轴中与 $V(\lambda)$ 函数画在一起。这使光输出（lm）计算成为可能［即 F_{w-LED}，用式（2. 12）］。

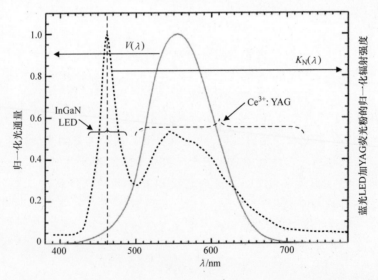

图 2. 10　测得的白光 LED 的归一化光谱功率分布 $K_N(\lambda)$ 和 CIE $V(\lambda)$ 明视觉视见函数与波长的关系。当乘以合适的比例系数时，两个函数的重叠区域就是 LED 的光通量。本例中的白光 LED 由一个标准的 InGaN LED 和常用的 Ce^{3+}：YAG 荧光粉组成

2.4.2　荧光粉效率的确定

荧光粉效率可通过分别实验测量式（2.10）和式（2.12）中的 $J(\lambda)$ 和 $K(\lambda)$ 来确定。然后，对 $K(\lambda)$ 中所含的总功率积分，并将其与 $J(\lambda)$ 中所含的总功率相除，就得到荧光粉的效率。因而，荧光粉的效率由下式给出：

$$\eta_{\text{Pop}} = \frac{\displaystyle\int_0^\infty K_N(\lambda)\,d\lambda}{\displaystyle\int_0^\infty J_N(\lambda)\,d\lambda} \tag{2.13}$$

式中，$K_N(\lambda)$ 和 $J_N(\lambda)$ 分别为 $K(\lambda)$ 和 $J(\lambda)$ 的归一化函数。

式（2.13）给出总的荧光粉效率，它是各种与热和散射损耗相关的组分效率因子的乘积。为确定这些因子的影响并对它们定量化，各种物理参数可以被有计划地改变，且 η_{Pop} 可以从相应的 $K(\lambda)$ 光谱重新计算。通过一个经验性的优化过程，加上一些在不同的参数变化的荧光粉材料中光通量的模拟，应能确立一个将荧光粉的损耗最小化的方法。这个过程将确立荧光粉的最佳选择、它们在模组中的位置、蒸镀技术以及如厚度、密度和均匀度之类的物理参数。

2.4.3　估算白光 LED 功效的极限

现在让我们来看一下，对于本节中所讨论的利用蓝光 LED 的磷基白光 LED 来说，最大功效的理论极限和实际极限是什么。在第 1 章中，我们讨论了在白光 LED 中功效和 CRI 之间的取舍关系——也就是说可以通过降低 CRI 来提高功效。为在最大程度上避免这个取舍效应，我们将只关注于将利用同类蓝光 LED 和传统黄色荧光粉的白光 LED 的效率因子最大化，以保持 CCT 和 CRI 接近常数。对于这个受约束的系统，可被进一步改进的效率因子是 η_{IQE}、η_{dv}、η_{Lop} 和 η_{Pop}。

2.4.3.1　理论功效极限

在 2.4.1 节中我们已经看到，根据行业的一些最佳成果，包括欧司朗公司 LED 的成果，来自蓝光 LED 的 58% 的总芯片效率导致将此蓝光 LED 和常用黄色荧光粉进行传统封装的白光 LED 的 127 lm/W 的功效。利用这个结果和式（2.7），可导出如下结果：

如果有

$$\eta_T = 0.58,\ \text{L. E.} \approx 127\,\text{lm/W} \tag{2.14}$$

可推算出

$$\text{对于 } \eta_T = 1.00,\ \text{L. E.} \approx 219\,\text{lm/W} \tag{2.15}$$

假如荧光粉的损耗为零，219lm/W 的功效将是传统磷基白光 LED 的理论极限。但是，这不太可能。而业界对此类白光 LED 的荧光粉损耗没有精确的报道，我们在此情况下假设一个合理的 10% 的荧光粉劣化。

因此，假设荧光粉损耗可能把功效降低 10%，加进这个 10% 应导致如下最大极限：由于

$$（\text{L. E.}_{\text{max－theoretical}} \text{的} 90\%）\approx 219 \text{lm/W} \tag{2.16}$$

可以推出

$$\text{L. E.}_{\text{max－theoretical}} \approx \frac{219}{0.9} \text{lm/W} \approx 243 \text{lm/W} \tag{2.17}$$

因此，一个用常用黄色荧光粉封装的白光 LED 的最大理论功效极限经估算为 243lm/W。

注意，此处所做出的几个假设并不一定完全正确。例如，荧光粉的损耗线性地劣化功效。在实践中，改进荧光粉的损耗也许意味着改变 $K（\lambda）$ 分布，这将以非线性的方式影响 L. E. 。这也意味着 CRI 和 CCT 也许不能保持不变。但如果使用同样的荧光粉材料，预期这些效应会很小。

2.4.3.2　实际功效极限

尽管理论功效极限对于了解功效的上限是有用的，知道被广泛应用的白光 HB－LED 的可信的实际极限对行业也有益处。为获得这一数值，让我们根据对单个效率因子的"现实的"（尽管未被证明）未来改进来考虑一些目标：

$\eta_{\text{IQE}} = 0.8$（目前的数值为 0.7，来自戴等人，见图 2.7）

$\eta_{\text{dv}} = 0.95$（包含来自所有器件效率劣化因子造成的垂沉）

$\eta_{\text{Lop}} = 0.96$（假设基于业界从 LED 芯片提取光的最佳方法；劣化包括器件光反射、内部散射和吸收）

$\eta_{\text{dr}} = 1$（蓝光 LED 芯片直接由一个电流源驱动）

应用式（2.11）得到

$$\eta_{\text{T}} = 0.73$$

用式（2.14）和式（2.7），推导出功效极限

$$\text{L. E.}_{\text{practical}} \approx 160 \text{lm/W} \tag{2.18}$$

假定 $\eta_{\text{T}} = 0.73$ 并如式（2.16）中所用一样的 10% 的荧光粉劣化。更进一步，如果假设实际的业界最佳电驱动效率为 0.95，$\text{L. E.}_{\text{practical}}$ 被进一步降低为

$$\text{L. E.}_{\text{max－practical}} \approx （160 \times 0.95）\text{lm/W} \approx 152 \text{lm/W} \tag{2.19}$$

这个最大实际功效假设了基于氮化物材料的 IQE 被进一步改进，垂沉和其他器件失效被显著降低，以及所产生的绝大部分光被从封装后的 LED 提取。尽管这些被证明非常不容易做到，特别是在制造环境下。通过在 LED 材料、器件、封装和电子方面的技术突破，这些是可以达到的行业目标。这些成果将始终包括设计的

强化和细致的工程学，以及制造的优化以将所有的效率因子最大化。

尽管式（2.17）和式（2.19）对于目前市场上大多数的传统白光 LED 给出了理论和实际功效极限，但要特别提醒的是，通过利用绿色或其他单色 LED 结合如紫色或其他低损耗荧光粉可以进一步加强白光 LED 的功效。目前这些正在不同的公司和研发实验室中进行研发。

第 3 章
LED 模组制造

3.1　概述

　　在第 2 章我们看到，LED 的光输出特性和许多参数有关，大部分都来源于半导体最主要的自然属性，即其光学特性本征地对热变化非常敏感。严格来说，静态半导体光学和光电特性与温度的关系是非线性的，而且随时间非线性变化[42]。这些特性使 LED 灯的性能在整个寿命周期内的变化会很复杂。固态照明（SSL）工业的目标一定是通过优化一系列参数来设计 LED 模组，实现在很长的时间周期内产生稳定的光输出，与现有光源相比具有竞争力，甚至更优异的照明特性，同时确保在制造方面保持简单。

　　在本章中，我们将围绕子系统的多个工程内容来讨论 LED 模组或称光引擎的构成要素。在 3.3 节，我们将研究温度依存特性以利于为光引擎设计更高效的热管理方案，延长 LED 灯的寿命。本章的最后一节，我们将详尽描述 LED 工程师如何优化模组参数来实现既获得一流的引擎和灯具，又不增加制造的复杂程度，以便在低成本制造环境中完成产品化。LED 灯的效率、亮度、颜色质量、稳定性以及寿命总是取决于这些器件及制造技术有关的大量参数。由于许多参数的相互关系非常复杂，发光特性和芯片设计尺寸，材料质量，制造精度以及封装方法密切相关。

3.2　LED 照明部件和子系统

　　从第 2 章的讨论我们已经了解到，与白炽灯和荧光灯相比较，LED 灯的零件众多、结构精密，涉及复杂精细的制造过程。大功率高质量的 LED 产品需要严格应用热学、光学、电子和机械方面的工程知识及验证方法。因此，LED 灯不仅仅是灯具的一个小构件，而应该是综合多个物理内容的子系统。对于有些应用，为了提高 LED 灯具的性能、延长寿命，还需要对子系统在热、电、光参数的探测、控制等方面进行改进。

3.2.1　基于功率的 LED 模组配置

最初，LED 是作为电路板上的指示灯获得了广泛应用。它们只需要几十毫安的输入电流，驱动功率限定在几毫瓦到几十毫瓦。这类灯一般包括 5mm（T1 – 3/4）和其他大家所熟知的单色及白光 T1 型模组结构。图 3.1 是这类灯的照片。

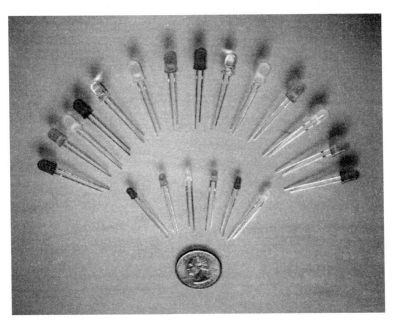

图 3.1　各种广为人知的 5mm T1 – 3/4 型 LED 模组（上面一排）及 3mm T1 型 LED 模组（下面一排）。25 美分的硬币用作为尺寸参考。它们只发射很少的光通量，一般只需要数十毫瓦的驱动功率

这类小功率灯一般发出有限的光通量，只产生很少的热功率。因此，无需附加的物理结构用于对二极管的结区散热。5mm、T1 – 3/4 设计不适用于驱动功率 1W 或以上的情形，而这已经是单个大功率、高亮度（HB）– LED 模组的典型功率[43]。

在过去的数年中，大功率 HB – LED 模组设计、开发及制造技术都已经取得了长足进步。越来越多的厂家可以提供多种性能及特点出众、制作精良的商用引擎和子系统。这样的引擎或单个可安装 LED 模组，最简单的形式是用一个底部装有热沉的外壳，在热沉上直接安装一个或多个 LED 芯片，如第 2 章的图 2.4a 和 b 所示。图 3.2 是这种基本模组的截面图，包括了外部连接电极，用以重点说明其在供应或制造链中下一个阶段的应用方法。这些模组被安装在某个印制电路板（PCB）上。一般还需要一个附加的热管理结构，允许单个 LED 引擎长时间工作在大于 1W

的驱动功率下。即使模组只有一个 LED 芯片，也可产生超过 100lm 的光通量。

图 3.2 所示模组类型的要素主要用于实现两个主要目标：①有效散热和②在 PCB 上的表面安装能力。实现第二个目标也需要有利于第一个目标的实现，即模组的安装方式要有利于散热能力的最大化。即建议 PCB 表面有金属区域，这样大功率 LED 可以直接焊接到金属上，确保热量能够有效地从 LED 热沉传输到 PCB 上。

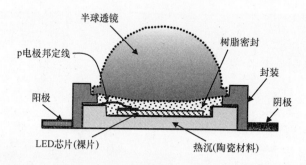

图 3.2　基本的大功率 LED 模组或引擎截面示意图。它可以直接焊接到 PCB 或安置在灯具的灯室中

对于白光 LED，荧光粉是直接涂在芯片表面或芯片上方的透镜或密封材料上的。为了保护半导体芯片，用树脂涂层在其表面形成封闭层。现在，厂家也可以选择将荧光粉混合到该树脂材料中。荧光粉和树脂涂层或者它们的混合液可以用同一个点胶机涂布[44]。重要的是，要保证这些涂层在模组的整个寿命周期内保持光学稳定。此外，它们的点胶量和点胶的黏度必须均匀而且重复性良好，以便制造单元的性能维持在某个严格的范围内，实现高的成品率和产出率。

目前，在市场有许多图 3.2 所示封装的变形版本用于满足不同应用以及组装完整灯具的不同集成水平。图 3.3 给出了一些这类模组的照片，所有这些均源自同一厂商。

在市场上还有一些其他形式的模组，但灯具厂商很难将这些设计用于更高的供应链水平。虽然许多模组变种也许可以为专用市场提供不同的设计机会，但是对于大批量灯和灯具市场，需要其在外形尺寸和性能指标方面有统一的标准。只有符合这些标准的 LED 模组或引擎的引脚规格种类很少，而且性能非常接近，才能实现不同灯和灯具结构类型之间的互换。

3.2.2　LED 子系统的配置

上一节我们刚刚谈到有许多不同的模组形式，实际上现在市场上子系统配置的种类更多。这使人们想到 SSL 工业仍旧处于逐渐成熟的过程之中。现在的阶段，过多的外形和功能变化使我们难以对子系统定义一个清晰边界。在更高的层级上，我们可以将"子系统"定义为 LED 灯具的核心部件：LED 子系统是通过合理安排多

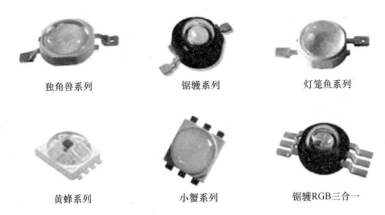

独角兽系列　　　　　锯鳐系列　　　　　灯笼鱼系列

黄蜂系列　　　　　小蟹系列　　　　　锯鳐RGB三合一

图 3.3　中国台湾制造商葳天科技生产的各种大功率 LED 模组。这些模组可以集成到 PCB
上或与附加的热管理器材及驱动电路一起直接安置在灯具系统中（照片由葳天科技提供）

个元件和部件，将数个功能和控制集成在同一平台上的构件。为了产生被终端用户
清晰辨识、感知和利用的主输出（即照明），它包括一个或多个 LED 芯片或封装后
的发光管。这类子系统包括类似于电子工业的集成技术，常用板上芯片（COB）
技术平台将电子电路安装在一个主 PCB 上，并和下面一个高热导率芯层一起作为
主散热器。该散热器有利于将热从 LED 模组（或密封在基板上的芯片，常被称为
"发光管"）和其他类似于驱动器集成电路（IC）等的有源器件散除，并耗散到周
围环境中去。

　　正如我们前面所讨论的，对于 LED 灯和灯具来说，热管理至关重要。由于在
工作期间，二极管结区所产生的大量热必须持续不断地通过传导和对流散除。因
此，热管理一直是模组、子系统以及最终整个灯具构建的中心议题。用来安装白炽
灯和各种荧光灯的灯具无法提供 LED 所必需的热管理功能。LED 灯具需要使用许
多为冷却半导体器件，比如计算机处理芯片和激光器而开发的制冷技术。

　　SSL 工业也一直从其他成熟的电子和光电子工业领域获益。特别是，支撑因特
网和光纤通信网络设备的半导体激光器和光收发器工业为大功率 LED 灯设计和制
造奠定了基础。在其他光电子工业中开发的大量与热和机械相关的，包括板上电子
集成等成熟技术，使得人们在相对短的时间内即可完成 LED 灯具所需要的高科技
子系统技术开发。因此，LED 工程师和制造商已经迅速吸收了各种 PCB 及 COB 技
术用于实现各种水平的热管理、光输出及电子控制。

3.2.2.1　印制电路板子系统

　　PCB 材料的选择和设计在很大程度上取决于某种指定灯具所需要产生的发光
强度或光通量的强弱及分布。灯具尺寸和形状则主要与所需要的制冷的强度及冷却
方式有关。相关工业界三种最通用的 PCB 类型是：FR - 4（阻燃 - 4）、金属芯
PCB（MCPCB）以及陶瓷 PCB。虽然在低、中速电子电路中很常用，但是 FR - 4

并不适用于需要高热导基板材料的超高功率 LED。FR‐4 PCB 只布有局部的金属区，介质基底材料的热导率仅为 0.25W/mK。与此相比，铜和铝合金的热导率则分别高达 300 W/mK 和 150 W/mK[44]。也有些厂家通过在 FR‐4 PCB 上精心设计过孔来制作大功率 LED 灯具。

　　MCPCB，又被称为绝缘金属基板（IMS），将高热导性的介质材料用作 LED 芯片和金属背板之间的导热桥梁，同时保证 IC 器件所需要的电气绝缘。大部分灯具制造商都将 MCPCB 作为 SSL 应用的首选材料。不过，对于航空以及需要在高压和高温环境中保持高可靠性的行业，有时也使用陶瓷 PCB。

　　通过将大功率 LED 模组直接焊接到 MCPCB 的金属芯上，可以将热量最有效地从嵌装在 LED 模组（或发光管）上的热沉扩散到 PCB 上。MCPCB 的优点是可以同时将表面贴装在 PCB 上的电子驱动器 IC 所产生的热量散掉。灯具工程师必须仔细地设计 PCB 的总尺寸，LED 之间以及其他 IC 之间的间距，以实现合理散热并将 LED 芯片的温度保持在某个水平之下。对于许多高性能 LED 灯具，常常用高质量导热膏在 PCB 底部贴装一个大的专用散热器，如图 3.4 所示。为了进一步强化热管理，常在灯具外壳上开许多美观的孔，产生气流，通过对流散热。有时，灯或灯具的外壳本身也可以起到散热器的作用，如图 3.5 所示。

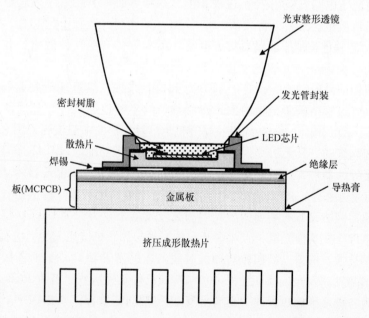

图 3.4　灯具的 LED 子系统整体结构简图（未按实际比例）。用于示意外部光学部分，LED 发光管焊接在 PCB 上，然后再和挤压式散热片装在一起

3.2.2.2　板上芯片封装子系统

　　随着 IC 工业开发出更新、更先进的技术，制造商在子系统中实现了更高的集

成度，由此也有能力生产出大量精巧的产品。SSL 工业在这方面也不例外。一些厂家已经开始将 LED 芯片直接集成到 PCB 上，也就是采用 COB 技术[47,48]。这种方案省略了表面贴装器件（SMD）模组以及 PCB 集成层次的生产环节。因此，降低了 LED 灯具制造的整体复杂度。随着技术的不断成熟，这也许会最终能以更低的成本生产出性能更优异、功能更多、封装尺寸更薄、热管理更好的产品。

　　该技术的另一个优点是因为 LED 芯片可以以更高的密度直接焊到板上，可以在总的子系统封装中容纳更大的发光面。这将改进灯具的亮度均匀性。在本书接下来的章节中我们会讨论，亮度均匀是各种照明光源都期望获得

图 3.5　可调光 PAR20 LED 灯的照片。可以看出挤压成形的散热器成为外壳的组成部分。它产生 350lm 光通量，只消耗 8W 输入电功率

的一种特性。更密集的芯片排布也可以减小 LED 电子信息屏（EMC）的像素间距，这对于需要近距离观看的电子信息屏非常有益。COB 技术除了需要进一步成熟之外，其应用似乎也主要限于零售，高、低天井灯类照明。光只能来自于平面，除非采用适合弯折的基板。与此相比，如果采用模组就可以选择安装在许多倾斜或相互垂直的表面上，可以产生不同角度的发光。如果整个灯具外壳单位面积产生更多热量，使用 COB 技术的灯具也需要增强热管理以适应更大的发光面积。

3.2.2.3　驱动电源

　　正如我们在第 2 章所讨论的，只有当 p-n 结处于正向偏置，而且净扩散电流由 p 区流向 n 区时，LED 才发光。这时，许多少数载流子在结区辐射复合。LED 的电流–电压关系基本符合肖克利理想二极管定律[49]，即当 LED 两端的正向电压 V_F 超过 V_{bi} 时，电流 I_F 随电压指数增加。这意味着，当电压大于 V_{bi} 时，很小的电压变化就会带来电流值的指数变化。更进一步来说，由于制造过程中引起的 V_{bi} 离散性，电压驱动将在不同 LED 中产生不可预测的光输出。由于各器件自身的温度特性不同，会使问题进一步复杂化。因此，我们不推荐用恒压源驱动 LED，因为即使电压很少量地超过最大额定值，也可能将器件烧毁。更安全的是用恒流源驱动 LED，并确保 LED 两端的电压降远低于额定的最高值。由于在 V_F 安全范围内，LED 光通量输出 L（以前也表示为 Φ）与 I_F 有较好的线性关系。因此，将 I_F 作为驱动器的输入量时，恒流驱动也可很好地提供 L 相对于 I_F 的控制和预测特性。

　　大部分电源所提供的都是恒压输出，比如电池、市电等。因此，LED 驱动器

需要一个附加的电源转换器来产生恒定电流源。这种变换器将 I_F 作为反馈回路的误差信号去调节电源的电压，用以使 I_F 保持恒定。由于直接测量 I_F 常常比较困难，可以通过监测其他参数（例如，相应电路中监测电阻上的电压）很好地把握 I_F 的变化。

为了支持满足世界上各种照明应用而设计的种类繁多的模组和子系统，在 SSL 工业界，不同的驱动器类型也在增加。随着工业界更加注重提供高能效照明，非常重要的是确保不要因为选用不适用的驱动器而大大影响综合能源利用率。如果一类 LED 灯具的输入功率和所需电压与另一类灯具区别很大，在同样条件下，两类灯具使用相同驱动器将产生不同的功率效率、功率因数补偿（PFC）以及总谐波失真（THD）。由于实际中应该将驱动器的类型保持在一个合理的数量，非常需要每种驱动器能为一类 LED 灯或照明系统提供适宜的 PFC 和最小化的 THD。

从根本上，根据功能，驱动器可分为非调光和可调光两种类型。由于当强度改变时 LED 灯的颜色特性也会发生变化，非调光型 LED 灯通常提供最可靠和高质量的照明特性。但不调光的话，在低亮度照明已能满足要求时，就无法实现进一步的节能。最终，成本、性能以及其他应用所需的特定因素等的综合平衡将决定选择哪种 LED 驱动器更合适。

3.2.2.3.1 非调光驱动器

非调光驱动器需要各种配置以满足不同功率范围（如 1～25W），输入电压（即 100～120V 和 230V）和导轨（例如，应急照明用 6V，家庭照明用 AC/DC 12V，街道照明用 24/48V）。将 LED 按照不同的串联或并联组合可以产生不同的发光强度和分布。驱动器和灯的不同配置相组合，使得用单一驱动器为所有潜在应用提供最佳方案的设想难以实现。可以开发一系列非调光驱动器，使用不同类别的电压和功率范围，避免驱动器种类过多。不增加进一步的调光功能，可以说，综合考虑各种因素，对于高性能照明的应用需求，简单的非调光驱动器也许是最经济的选择。如果不需要调光，驱动器 IC 可以更加小巧，更容易集成到整个子系统中去。为了提供低亮度或暗照明的需要，可以选择在所需的空间内有效配置多个 LED 灯，当需要暗环境时，直接关掉其中的一些即可。

3.2.2.3.2 调光驱动器

当环境光亮度由于室内或室外的自然或人工照明变化而发生改变时，就需要调光功能来优化照明。当然，对用于广告牌和电子信息屏等电子显示系统的 RGB（红、绿、蓝）型 LED 灯需要受控的调光，因为像素颜色是通过精确调整 RGB 流明比值来实现的。还需要根据环境照度水平来调整总的整体显示亮度。

基本上，LED 灯的调光通过脉冲宽度调制（PWM）或模拟技术实现。对于 PWM 调光，输出功率（即灯的光通量）是通过改变输入驱动电流的占空比 D_{PWM} 来控制的。它的信号是由矩形脉冲波产生的，如图 3.6 所示。平均输入驱动电流 $I_{F(AVG)}$ 直接取决于占空比。传统的白炽灯调光器使用 TRIAC（三端双向晶闸管）

调光也是控制占空比，但它是控制直接用于市电的正弦 AC 电压的占空比。TRIAC
调光器附加电路功能可以转换为适用于 LED 的 PWM 调光器。电子显示一定要用
PWM，而 LED 灯具可根据不同照明应用和样式在两种调光技术中选择。

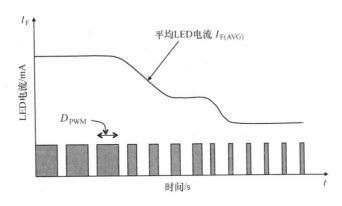

图 3.6　用于 LED 灯 PWM 调光的示意图。灯由流经 LED 的电流 I_F 驱动。
平均 LED 电流 $I_{F(AVG)}$ 正比于占空比 D_{PWM}

　　模拟调光技术通过连续调整驱动电流的幅度控制输出光通量，因此可以实现全
程调光，即不产生任何闪动从全亮调至全暗。不过，这种调光方法所产生的颜色漂
移一般比较大。由于供应 LED 的连续变化的电流总是供电电源总电流的一部分，
剩余部分的功率仍会反馈回调整回路，在那里被吸收掉并使灯具变热。

　　与此相比，PWM 技术用非常快的开关脉冲，不降低功率的利用率，因为开时
LED 由调整电路电流满额供电，而关时完全没有电流。这种方式适用于 LED 光源
是因为它们对电子驱动输入有非常快的响应。不过，由于应用于脉冲的开关频率会
伴随相位调制，在 PWM 调光过程中可能会有闪烁。将该频率提高到远高于人眼所
能感知的，大约 200Hz 的水平[50]，就可以在很大程度上避免闪烁的发生。有不少
制造商可以提供适合各种应用的多类型可调光 LED 驱动器[51-53]。有兴趣的读者，
建议通过这些及其他制造商持续关注相应的工业进展。

3.2.2.3.3　LED 的交流驱动

　　LED 是正向偏置器件，因此，限定于正向 DC 电压或 DC 电流工作。给 LED 施
加 AC 输入信号会使其功能失常。因为一个 AC 周期内既包括正驱动信号又包括负
驱动信号，而二极管需要在其正负极之间施加正驱动。为了满足包括照明在内的主
流应用，大部分电子功率系统所提供的都是 AC 输出。LED 驱动器必须提供 AC -
DC 变换。如果将两个 LED 并排配置（即并联）并用 AC 信号驱动，这时一个器件
用正半周期驱动，而另一个用负半周期。这样，两个 LED 都可正向偏置，能正常
工作。这样的驱动器无需 AC - DC 变换，但必须控制驱动 LED 的电流和电压的幅
值，使之不会过载甚至烧毁。

由于会引起过热，用一个简单的电阻来控制电流是低效的，AC 驱动需要更复杂的保护电路。再加入相应的 IC，似乎用 AC 驱动 LED 的益处并不大。因为一般的 DC 和 AC 工作都需要 LED 专用的驱动器或电子 IC。现在，LED 驱动用 IC 可以做得体积很小而且不贵，技术仍在持续改进。因此，省掉 LED 用的产生恒流的 DC 电源未必能有多少好处，用 AC 驱动 LED 反而可能增加一些不必要的散热难题。不过，首尔半导体公司认为 AC 驱动 LED 在成本、寿命以及管脚尺寸方面具有优势[54]。

前面提到的在不同形态子系统配置中许多组成部分都显示，设计 LED 灯和灯具涉及复杂的优化过程。对于一个 LED 子系统，优化不仅对于单元构建很关键，对于单元的运转也很重要。当工作时的各种参数能控制到最优时，就可以将 LED 灯的性能最优化并延长其寿命。但对于一般目的的应用来说，也许如此完备的照明控制成本过高。

虽然，对于一个特定的应用，利用选配多种子系统可以实现每种 LED 灯具性能的最优化，但是这种方法通常都是非标准的，对于通用照明应用也价格偏高。因此，对于各种引擎和子系统，需要建立标准。除非供应链合并成单一的、垂直集成制造运行，并只将最终产品卖给终端用户或系统集成商。

3.3　热管理和寿命研究

在第 2 章 2.4.1 节我们看到，当前 LED 蓝光芯片的最佳性能可以实现 58% 的总能量效率。仅此就将产生可观的瞬时热功率。随着所施加的电流流过 LED，其阻抗变低，热量将进一步增强。因此，LED 灯持续工作一段时间之后，大量的热累积在微小的二极管有源区。即使将 2.4.3.2 节式（2.19）中的 η_T 提高到接近现实极限，但只要使用时间相对长，仍旧需要将大量累计的热从 LED 芯片散除。从 LED 灯中将热散除非常重要，正如我们前面提到的，半导体材料的发光特性和温度密切相关。随着使用的持续，这些材料的热老化也将对它们的发光特性产生相当大的影响。

在本节中，我们更为详细地列出了几个 LED 的热课题，包括热传输的方式、LED 结温的作用以及降低热阻通过传导提高散热等。还介绍了利用一些测得的参数模拟 LED 灯具热特性并估算结温的交互模拟过程。最后，讨论了一些老化研究，用以更深入地理解 LED 寿命。

3.3.1　热传输机制

当存在温度梯度时，有三种基本的热传输机制：①辐射；②对流；③传导。如果周围环境温度更低而且是均匀的，利用辐射过程，物体可以自己从其表面均匀地向所有方向散热。白炽灯里面的钨丝基本通过辐射耗散热量。而在液体或气体中，可以在温度梯度场中实施对流传热。比如，通过对流，可以用强制气流或液流对特定物体制冷或加热。最后，当物体表面和另一个不同温度的物体表面有接触时，物体还可以通过传导散热。

使用白炽灯和荧光灯的传统灯具，利用辐射和对流的组合从光源散热。对于 LED 芯片，最有效的散热方法是通过传导。在发光方向上，通过辐射过程的散热几乎为零。因为 LED 发光主要集中在光学频谱范围的狭窄波长范围内，不包含热辐射。因此，最有效的途径是，热首先从 LED 芯片的底部通过表面接触的传导到散热器，然后，灯具可以通过其他的传导和对流手段进一步将热量散除。

3.3.2　LED 的结温

在 3.3.2 节，我们讨论了应对热管理的各种子系统技术。这用于帮助将热从整个灯具中最热的区域，即 p – n 区或者说 LED 芯片的有源层散出去，如图 3.7 所示。它的温度用结温 T_J 表示。增加注入电流 I_F，就将增加 T_J。因此，和 5mm T1 – 3/4 型 LED 相比，工作在大电流状态的 HB – LED 需要更完备的热管理。

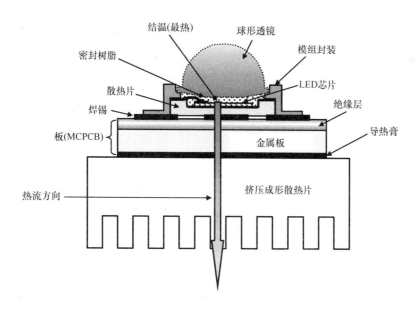

图 3.7　LED 灯具子系统截面图（未按实际比例）。用于示意模组中 LED 芯片及其他周围器件。这里，最热的点是芯片内部 LED 结区。热必须从结区沿阴影箭头所示方向传导散除

由于其独有的设计、材料特性以及制造质量，每种 LED 模组均有固有的最大 T_J，可以表示为 T_{JMAX}。由于散热问题，过度驱动会引起不可挽救的损害。当驱动电流增加到某个水平时，LED 光通量输出和 T_J 都迅速增加，而它的电子串联阻抗快速减小，持续下去就引起二极管烧毁。一般的建议是，根据灯具的热管理效率和

用途设定工作电流 I_F，使 T_J 低于 T_{JMAX} 值 20% ~ 50%。此外，类似的最大工作温度极限也适当地应用于模组或灯具的其他部分，比如，外壳或外部散热器。总之，LED 制造商标出芯片的 T_{JMAX}，模组或灯具一些其他外部必要零件的最高温度，以及灯的安全工作环境温度。

3.3.3 热分析和建模

要为灯具设计和制造出能有效从结区散热的 LED 子系统，必须首先对问题进行适当的热分析。这类分析可对各种选项进行建模、模拟并优化，然后经过测量验证以确定子系统设计参数和技术选择。图 3.8 所示是 LED 模组和灯具设计相关的简易热分析。

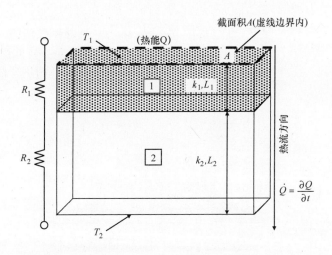

图 3.8 类似于 LED 芯片安装在散热片上，一个简单的热分析示意图。热传过叠合在一起的两种材料 1 和 2，经历串联的热阻 $R = R_1 + R_2$。T_1 和 T_2 分别是材料 1 和 2 外表面的温度，而且 $T_1 > T_2$。热流从叠层的顶端（温度为 T_1）处经过一个热阻 R 通过材料 1 传到材料 2

在图 3.8 所示的建议模型中，材料 1 和材料 2 分别代表 LED 芯片和芯片的安装基底（即第一散热器）。我们还可以加入材料 3 表示 PCB 金属组合，它将是第二散热器。T_1 用于表示结温 T_J，T_2 表示第一散热器的温度；以此类推，还可以用 T_3 代表 PCB 金属温度，当单独测试 LED 模组时，PCB 金属的底部温度一般就是环境温度。

3.3.3.1 热阻

热阻用于定义材料的热传导阻抗，它取决于材料的热导率 k 及其长度和截面积。当热能从一个表面沿垂直路径传导到另一表面时，热阻就等于邻近两个表面的温度差除以热流量，如图 3.8 所示。因此，R 可定义为

$$R = \frac{T_1 - T_2}{\dot{Q}} \tag{3.1}$$

式中，$\dot{Q} = \partial Q / \partial t$ 是当高温端为 T_1 时热能 Q 产生的热流量。两种定义都和电阻相类似。

在图 3.8 中

$$R_1 = \frac{L_1}{k_1 A} \text{和} R_2 = \frac{L_2}{k_2 A} \tag{3.2}$$

式中，k_1 和 k_2 分别是材料块 1 和 2 的热导率；L_1 和 L_2 分别是材料块 1 和 2 的长度。在本示例中，两板块的截面积 A 相同。因此，如果材料特性 k_1 和 k_2 已知，结合几何参数 L_1、L_2 和 A，R_1、R_2 和 R 就可以计算出来。

式（3.1）所定义热阻的单位是℃/W，这里的"W"为热瓦或功率。对于 LED，有两个相加而且随时间累计的热功率来源。一个热源是当 LED 被一定的注入电功率（即电压乘以电流）点亮时，只有其中的一部分基于芯片发光效率转化为辐射光功率，其余部分转化为热功率。另一个持续不断给 LED 芯片带来热功率的来源是由于其本身在电路中是一个阻性负载。当我们试图利用式（3.1）计算 LED 模组中的热阻时，不要将电功率误用为 LED 热功率。还需要注意的是，即使注入相同的电流，效率高的 LED 比效率低的产生更少的热量。

3.3.4　热仿真

图 3.8 中的简单分析案例可以作为确定子系统设计方案的基础，将所需移去的热量从 LED 结区散除。实际问题比这要复杂，因为我们很难精确地测量或计算 T_J。不过，利用有些方法可以实现不同环境温度下 T_J 的近似测量。将测量结果输入计算机模型即可更准确地模拟 LED 模组或子系统的热特性。这样的设计过程可以获得有效热管理性能的优秀设计方案。

LED 模组或子系统的精确热模拟需要用全三维（3D）有限元或有限差分时变法来为其热特性建模。最基本的，需要求解被恒流驱动一段时间，达到稳态的 LED 整体的热传导方程[55]。每个元件都可以用它的材料特性 k，几何参数，以及与相邻元件和环境的边界值和边界条件来表示。需要对各种环境温度进行一系列计算，并结合一些可代入模拟过程的可测量参数使迭代过程收敛。在计算不同环境温度的热阻时，需要注意式（3.2）定义中的 k 以及几何参数都和温度有关。

3.3.4.1　仿真技术

有好几种套装软件可完成各种真实问题的热模拟。通过一些专门的设定，那些模拟各种电子元器件和子系统，包括电路板、半导体器件、散热器、外壳在复杂任务周期内瞬态场景的软件大都可用于 LED 热模拟。Thermal Solutions 公司（位于美国密歇根州安娜堡）出品的 Sauna™热模拟软件是一款为大功率 LED 灯和灯具配置快速建立复杂的三维模型并能有效求解的计算工具[56]。

它实际是先利用基于对象的网格划分，生成问题所需要的几何物体，然后进行有限差向量计算。Sauna™能够包括各部件及其环绕物质的所有热特性，自动计算包括对流和辐射在内的热传导系数。用户调整变量，并根据大功率半导体器件的密度优化网格划分，可以更快地收敛到精确解。利用 Sauna™这种独特的优势，就可以对大功率 LED 灯和灯具进行热特性建模和仿真，而不必费时费力地使用全三维计算流体动力学（CFD）模拟套装软件。

这里，我们给出两个用 Sauna™（4.15 版）模拟的例子，用于观察在子系统中增加封装的 LED 模组的数量和密度所产生的影响。在比较这两种特定例子之前，先对单个 LED 模组安装在 30mm × 30mm 的 MCPCB 加肋片式散热器上的情况进行了大量优化，并获得了 62.17℃的低结温 T_J。肋片的间隔和长度分别为 5.5mm 和 30mm。LED 芯片的尺寸是 1mm × 1mm，焊接在 4mm × 4mm 的陶瓷氧化铝基板上。单个 LED 芯片的输入热功率为 1.3W。陶瓷和 PCB 垂直方向的尺寸见表 3.1。

表 3.1　Sauna™仿真用 LED 模组组合的垂直尺寸

LED 模组组合的垂直尺寸		
层名	mm	
LED 芯片	0.100	
焊接用金属化层	0.0500	
陶瓷（99% 氧化铝）	0.3000	
焊接用金属化层	0.0500	
铜	0.0500	⎤
介质	0.1000	MCPCB
铝合金	1.5000	⎦

图 3.9 是在 MCPCB 上安装 4 个 LED 模组组合的热特性，LED 之间的中心间距为 13.0mm。和单个 LED 模组相比，4 个 LED 模组组合的 T_J 增加了 30.18℃。图 3.10 是对 9 个 LED 模组组合的模拟，模组之间的中心间距为 6.5mm。与 4 个 LED 模组组合时相比，T_J 又增加了 41.94℃。尽管模组间的间距非常近，在这两种情形中，T_J 均保持在远低于 T_{JMAX} 的水平，设计良好的大功率 LED 一般要求 T_{JMAX} 大于 150℃。与组合的对称性相对应，在热等温图上，两个示例的热特性也呈对称分布。在图 3.10 中，中心模组的 T_J 比周围模组稍高。温度差只有 0.99℃。希望读者探讨一下为什么中心模组的 T_J 稍高。

3.3.4.2　与热测量的结合

热分析和设计强烈地依赖于对所属 LED 器件 T_J 值的精确了解和测定。遗憾的是，密封过后，LED 的结就无法接触，因此也就无法直接测量。最好是 LED 芯片制造商通过二极管特性计算和芯片层级测量结果之间的关系，给出合理精度的 T_J 值。虽然为每个器件单独建立这种关系并不现实，但随着制造成品率的提高以及分类数量的减少，今后芯片和模组制造商为特定系列的 LED 引擎提供平均的 T_J 系

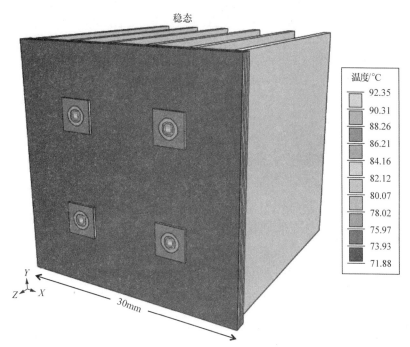

图 3.9　MCPCB 上安装 4 个 LED 模组的 Sauna™仿真。T_J的计算值为 92.35℃

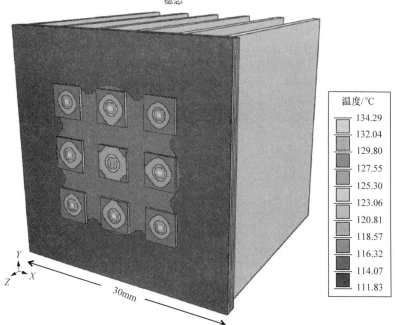

图 3.10　MCPCB 上安装 9 个 LED 模组的 Sauna™仿真。中心模组 T_J的
计算值为 134.29℃，外围模组 T_J的计算值为 133.30℃

数将是非常有帮助的。目前的最佳选择也许是 LED 厂家提供正向电压（V_F）和温度之间的函数关系。在达到热平衡后，通过测量不同温度下的 V_F，然后利用外插法估算 T_J。通过分析比较 PCB 或散热器上特定点测量和模拟的温升值，前面所提到的仿真模型也可用于估算 T_J。两种方法均基于 T_J 和 LED 材料参数之间复杂的函数关系。这些参数包括掺杂和缺陷密度以及决定其发光效率的其他器件参数。

精确确定 T_J 和 T_{JMAX} 背后的科学和工程原理是非常复杂和耗时的。它需要更严格的模型和不同环境温度下不同类型 LED 参数的大量测量结果相结合。也许需要多次冗长的相互修正来收敛到合理并可信的 T_J 值。针对不同应用领域的各种 LED 模组，建立 T_J、T_{MAX} 和最佳驱动电流之间的量化关系是当前 SSL 工业重要的研究和开发领域。

3.3.5　关于寿命和光衰的研究

与白炽灯及荧光灯相比，确定和评估 LED 灯的寿命是非常独特而困难的。总的来说，LED 工业以及观察者都认为 LED 灯的寿命非常长。有种说法"LED 灯可以一直工作下去，几乎不会损坏"，因为许多 LED 厂家都声称其寿命达 100000h。虽然这样的指标和说法很盛行，但许多具有鲜明对比性的例子告诉我们一个完全不同的故事。一个经典的例子就是，最近，我们不时可以看到路边升级不久的 LED 阵列交通信号灯有部分缺损，不亮。如果一般交通信号 LED 灯的寿命和宣称的不一致，SSL 工业界有责任澄清这些未经合理测试的预期，尤其是针对广受赞誉的白光 HB – LED。

3.3.5.1　定义 LED 灯的寿命

在照明工业界，设定灯的标称寿命为 3 年，专业人士公认为预期大约有一半该系列的灯可工作这么长时间，而其余的一半只能工作 3 年的任意分之一。我们也将此称为"后半段"综合征。经常，后半段故障综合征困扰着许多灯具生产商及终端用户，尤其是如果 LED 灯在安装后的几个月甚至几天内烧坏。

为什么一些科技团体及许多其他人员都认为 LED 寿命很长或者具有长寿命的可能性是有一些依据的。一个简单原因是广告宣传，另一个是早期电子产品上的指示灯历经几个世纪的长期使用仍在发光。此外，比较可信的，实验室用现有 LED 灯的加速寿命试验结果去推测寿命，其数值超过 100000h。

虽然公众一般将这些出版的、基于外推的实验室结果作为普遍现象，而照明专业人士的看法则与公众有所不同。他们认为，比如，某个厂家的产品有 200 万台，100000h 寿命的 LED 灯大约只有 100 万台。我们可以将"前半部分灯"称为长寿命灯，因为其名副其实。

LED 灯寿命不能普适于针对各种应用的全系列产品。比如，我们已经看到，电子或电器器具中的 LED 指示灯可以工作几个世纪，寿命远超 100000h。但是，指示灯工作只需要几毫安电流，人们也不太在意其光亮度随时间的衰减。大功率和高亮度 LED 工作不仅需要大电流，而且需要高的电流密度，这将增加二极管的结温，继而加速其老化并缩短其寿命。在通用照明和其他高亮度照明应用中，单个 LED

发光管就需要在有限的发光面积上产生数百流明的光通量。此外，这些类型的灯还需要达到一定的亮度水平、颜色质量及均匀性。某些高端应用，比如汽车大灯就需要更高的亮度和光通量。这总是需要非常完备的热管理系统，以确保在长的寿命周期内具有高的光照质量。比如，欧司朗喜万年公司为价值 75000 美元的奥迪 A8 轿车生产的 OSTAR 牌 LED 前大灯，公司标称的前大灯最短寿命为 7000h[57]。这样的寿命长度对该应用是足够的，而亮度和光通量更低的 LED 一般寿命要长得多。

对于通用目的 LED 灯，如果制造商对大批量的类似 LED 产品的各种相关参数进行全面测试，并证明至少一半产品超过预期寿命，那么所标称的寿命就是有意义的。明确地，发光特性都满足所标称的规格。而现在，照明设计师将发现很少有产品能达到。

为了证实所宣传的寿命，勤奋的制造商对一些采样样品进行等价测试以及加速的温度和老化测试。由于高性能 HB-LED 普遍产量较低，这样宣传对小批量，一般为几百个是合理的，扩大到几万或百万个就未必合理。这是因为等效测试采样并不能无限放大。因为即使 LED 器件来自同一化合物半导体外延片以及来自类似批次外延片，也存在相当大的温度相关的性能离散。其他方面的变异，比如热管理质量也将引起整个灯生产线内产品的寿命差异。

3.3.5.2 寿命周期内的光通量维持特性

现在，大部分大功率白光 LED 器件和整灯制造商的产品评估寿命为 30000～50000h。预计在该寿命期间，至少可维持在初始光通量的 70% 以上。该评估一般都假设工作条件为恒定的 350mA 电流，而且结温不超过 90°C。一些研究成果能生产出更长寿命的 LED，能够在某种程度上承受更大的驱动电流和更高的工作温度。现在，某些厂家已经提供标称寿命 100000h，工作电流超过 700mA，结温高达 120°C 的 LED[58]。

针对不同的应用，SSL 工业基本考虑将 70% 和 50% 的光通量维持水平作为寿命周期的定义[59]。这些寿命规格是必然而且有意义的。由于不断加热，引起光通量输出逐渐减少，LED 灯的效率随时间下降。北美照明工程学会（IES）测试标准 LM-80 是测量 LED 光源、阵列和模组光通量衰减的有效方法。但它不涵盖包括有驱动器和其他元件的灯具的测量[60]。IES 技术备忘录 TM-21 规定了 LM-80 数据的外推方法，用于预测测量数据之外时间段的光通量维持特性[61]。

虽然 LM-80 和 TM-21 不是定义寿命的标准，但是许多厂家都依据光通量输出降低到初始值 70%（或 50%）的时间确定灯的报废时间。有趣的是，大众自身并无法判断 LED 达到了这个时间点，这是这种规定的缺点。与此相比，白炽灯泡是当灯丝烧断或不再发光时停止使用。

灯具设计师在设计 LED 子系统时，需要更好地理解 LED 寿命。因此，需要向 LED 发光管或引擎制造商索取在指定工作条件下，光通量输出在有效寿命期间随时间衰减规律的数据表。特别是，当他们需要决定某个 LED 灯具的设计或寿命时，与 T_J 和 T_{JMAX} 相关的数据尤其重要。最后，在灯和灯具的指标中应该包括最高的环境温度值。高的环境温度和湿度有可能降低灯的使用寿命。

确定合理的 LED 灯和灯具寿命是一个复杂的过程，标准机构正在准备发布更新版的 LM - 80，有望为业界提供更有价值的参考。因为 LED 照明产品的寿命是根据某些加速老化测试推测的，为了使测试结果对实际的产品应用有意义，所以选用合适的测试条件是非常重要的。领先的光通信工业标准制定者，贝尔通信研究所（前 AT&T 贝尔技术实验室的一部分，现在的 Telcordia）积累的，与固态光源和系统寿命研究相关的许多科学和技术方法都可以引入到 LED 照明产品中去。不过，和照明应用相关的适当变换还需要纳入测试周期、持续时间以及其他可实施的环境和机械条件等参数中。

最后，关于 LED 灯的寿命，需要反复说明的是开发和实施有效的热管理技术将确保寿命非常长，也可生产出一致性更好的产品。这将大大降低客户现在非常在意的，需要对 LED 灯进行分类的必要性。因为本质上，半导体的特性对温度变化敏感，在整个寿命周期内，谨慎处理 LED 灯的环境热问题，对于获得长期稳定的 LED 发光特性非常重要。

3.4　为制作平台优化模组设计

我们在 3.2 节中已经讨论过，LED 灯和灯具是多个零件配置构成的复杂整体，涉及热学、光学、电气和机械等多个方面。它们之间同时相互影响决定着灯的效率、亮度、颜色质量、稳定性及寿命。为了使这些灯获得所需要，而且可靠的特性，重要的是理解发光特性是如何敏感地随芯片设计尺寸、材料质量、制造一致性以及封装方法等变化的。因此，要生产出质量优异的灯，LED 工程师必须用细致的热学、光学、电气及机械工程过程优化灯的设计，同时保证与制造要求相一致。我们现在来讨论这四个方面的设计问题。

3.4.1　如何进行热设计

随着单个 LED 更亮，尺寸更大，而且可以承受更大的电功率而不烧毁，热问题一直是 SSL 工业界的严峻挑战。随着许多新的和既有照明应用 HB - LED 的强劲需求，LED 技术在持续不断地改进。为了满足各种不同应用需求，LED 模组和灯具开发人员必须考虑某些热设计方法用以大幅度提升其产品性能。

为了克服核心热问题，首先，LED 工程师必须解决如何减少 T_J 和工作（或称驱动）电流增加的程度，继而延长 LED 灯的寿命周期。我们在前面提到过，当两者用同样大小的注入电流驱动时，和低效率 LED 芯片相比，高效率 LED 芯片在结区产生的热量较少。T_J 随驱动电流增加得越厉害，由波长漂移引起的颜色质量衰变就更快、更严重，而且衰变会随着时间的延长而加剧。毫无疑问，未来，在半导体外延质量、LED 器件设计、金属化以及其他相关工艺等方面的设计改进将会大大降低 T_J 和工作电流的相关性。不过，小的工作电流总是可以大大延长灯的寿命，小电流也可简化热管理难度，并减少设计和制造成本。

利用完善的热管理方案，并配合结构设计、封装及材料技术，就可以承受更高

的 T_J。这可以通过提高灯具热传导路径上的效率来实现。热传导的路径为从 LED 结区到临近的、LED 贴装的散热片，然后到印制电路板（PCB），到第二散热器，最终到外部环境。在图 3.7 中，用向下的箭头标识出了该路径。这将使灯点亮后 T_J 不会大幅度上升，并在达到热平衡后 T_J 稳定在远低于 T_{JMAX} 的温度上。沿该传导路径创建这样一个低串联热阻需要利用合适的导热材料（例如，氧化铝及金属芯 PCB 等高导热基板，导热胶或导热膏脂），封装技术（例如，良好的焊接层），包括导热通孔及平整的贴合表面等基板几何形状相关特性。这些单元总会增加模组和灯具的成本，常常也同时增加它们的尺寸。这两个因素都是通用照明应用所非常关心的。如果单个 LED 模组本身产生较少的热量，以上两个因素的影响就会降低。

下面来介绍一些增加从 LED 芯片到灯具外部散热器路径传热效率的实际方法。

3.4.1.1　模组散热片

紧靠 LED 芯片的散热片对于它的热管理非常关键。它是将 LED 器件底部表面连接到一个面积更大、温度更低的表面区域，将热量逐渐并有效散除到外部去的第一个零件。虽然使用风扇的强制对流、冷却水流或电热制冷器等类似主动制冷方法有其优点，但是无源的散热器要简单而且便宜得多。根据不同应用，它可以是陶瓷，也可以是金属的。散热器的效率会随体积、平面表面积以及和 PCB 贴合紧密程度的增加而改进。

3.4.1.2　板散热技术

在 3.2.2.1 节中，我们讨论过 PCB 技术。这里，我们再重复一遍其中的要点。大部分高性能 HB - LED 都使用 MCPCB，又称为"绝缘金属基板"（IMS）。LED 发光管或模组直接焊接在 MCPCB 的金属芯上，用以将 LED 散热片到 PCB 的热传导效率最大化。为了确保整个灯具的热传导都有效，设计师必须确定 PCB 的合理尺寸，LED 和驱动 IC 等有源器件之间的间隔，它们在工作时会产生热。取决于具体应用，有些小功率 LED 灯的散热用模组中嵌装的散热片配合合理的 PCB 设计即可满足要求。而对于大功率 LED 和灯具，就需要为每个 LED 模组配装陶瓷基板，并为 PCB 装挤压成形散热器来强化热管理。

3.4.1.3　挤压成形散热器

如果灯或灯具需要在高温环境中产生很高的亮度和光通量，通常需要用精心设计的散热器将热从 LED 中散出去。最常用的技术是用笨重的铝质挤压成形散热器，它可提供充分的表面积将源自 LED 的热经由 MCPCB 传送到散热器的肋片上，然后散发到环境当中去。图 3.11 中，给出了 HB - LED 阵列两种情形的热模拟，每个包括 9 个贴装在 MCPCB 上的模组，区别仅是 MCPCB 下面挤压成形散热器肋片的长度（LED 组合的详细参数、热功率和其他参数均已在 3.3.4.1 节中给出）。

图 3.11 给出的模拟结果显示，长肋片散热更为有效。飞利浦生产的 60W 和 75W 的市电直插 LED 灯为这种设计改进的实物，75W 灯所用挤压成形散热器的肋片比前者长近 30%。

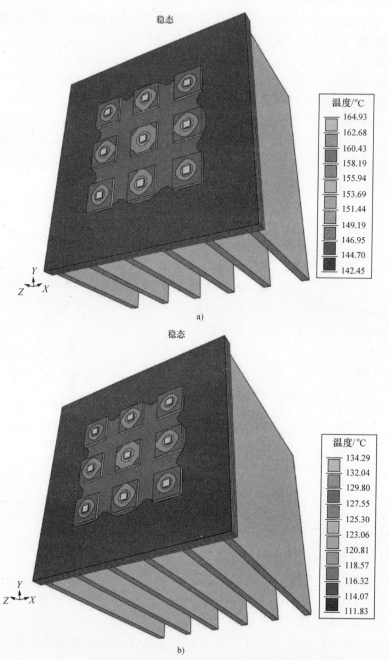

图 3.11 说明用更长的冷却肋片改进热管理性能的模拟研究。对象为基于 HB - LED 的照明
子系统，使用 9 个 1mm × 1mm 的 LED 发光管，以 5.5mm 的间隔安装在 MCPCB 上：a）散热器
肋片长度为 18mm；b）肋片长度为 30mm，结果显示与图 3.11a 相比，T_j 降低超过 30℃
（模拟是用 Thermal Solution 公司的 Sauna 热分析软件完成的）

如果灯或灯具的空间条件允许，应该对散热器进行合理的空气动力学设计以改进空气环流。许多这类的无源金属散热器都是通过类似挤压、熔铸、铣削、冲压以及弯折等工艺技术完成的。图 3.12 是一款欧司朗喜万年公司出品，用空气动力学优化的曲面压型散热器的 8W LED 球泡灯，L70 额定寿命为 50000h。

3.4.1.4　粘结材料

在通过将热传导最大化来降低 LED 结温的过程中，用于贴装 PCB 和散热器热界面材料的粘结技术发挥着重要作用。虽然 PCB 和散热器都设计成具有平坦且均匀的表面，但是实际制作出来的产品一般都无法实现理想平面，两面间的空气间隙将增加热阻。使用高质量热贴装粘结剂可以使两表面紧密贴合、消除表面间的空气袋，最大限度减少上述效应的影响。将大而笨重的散热器牢固安装到 PCB 上，也需要强力粘结剂贴装。

3.4.1.5　利用对流

虽然在 LED 灯中热传导是转移热量的基本模式，但是对流也可在多方面发挥作用。从 LED 芯片转移到外部散热器上的热功率是通过对流散发到环境中去的。这可以通过 3.4.1.3 节结尾所讨论的空气动力学散热器设计获得改进。此外，在可能的条件下，灯具外壳上应该开设大量通风孔，产生有效的空气流动，通过对流将热散发

图 3.12　欧司朗喜万年公司的 8W、120V E26 LED 灯泡，其外部、发光管下面的是挤压成形金属散热器。该灯泡 70% 光通量维持率的额定寿命为 50000h。2012 年 5 月，该灯泡的少量零售成本为 46.33 美元（照片由欧司朗喜万年公式提供）

到周围环境中去。LED 灯具中少量的热也可以通过辐射散发。这个概念如图 3.13 所示。

3.4.1.6　优化 LED 数量和驱动电流

对于一个灯具，要获得高质量热学和光学性能，选择 LED 发光管的数量和额定驱动电流值至关重要。当一个大的空间需要亮而且非常分散的照明时，最好增加灯具内单个 LED 的数量，同时降低驱动电流减少热量的产生[62]。许多照明应用可以采用这种类型的优化，这可以减轻热管理设计的负担，提供更好的照明质量以及更长的寿命周期。

为了解释该原理，可以构建一个 LED 灯具只使用相对简单的无源制冷技术，实现用 10 个发光管取代 13W 的直管荧光灯，每个 LED 用 350mA 驱动，产生至少 100lm 光通量。在典型的 25℃ 工作温度，10 个 LED 发光管的结温可以保持在 70℃

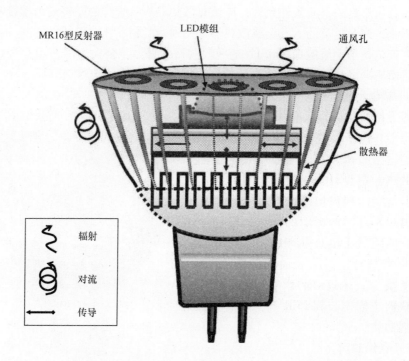

图 3.13　用外壳上的通风孔改进热管理的 MR16 型大功率 LED 灯具设计示意图。为了展示，
灯具外壳画成了透明的，可以看到内部的 LED 引擎。灯具的三种散热机制在图中都有展示

以下，这远比一些著名 HB‑LED 制作商给出的 T_{JMAX} 的额定值 150℃ 低[63]。对于类似的 LED 灯具，这种保守的热设计可以提供产生超过 1000lm 光通量的能力。同时，通过工作在较低的结温，确保很长的寿命预期，并将颜色漂移控制到最小。

3.4.1.7　主动式制冷

到现在为止，我们只讨论了无动力制冷技术。这通常是非常适用于 LED 灯具的方法。因为它们不需要耗费任何能量，所以其工作也不需要运动部件。虽然对大部分单独的、一般用途灯和灯具、小型照明系统，无动力制冷更加实用、合算，但是对于需要更精确的颜色和强度控制的大型系统，也许需要用到主动式制冷。这些常见于娱乐业，比如，体育场馆、建筑物外观以及剧场。在阿布扎比新建的迪拜体育馆就是一个很好的例子，它时常为数量巨大的 LED 发光管主动制冷。而这些 LED 用于在气候炎热的区域提供宏大的娱乐照明。主动式制冷还用于机器视觉用的线扫描，它需要极强的光照水平。Schott（北美）曾在线扫描仪中用主动式空冷或水冷白光和红光 LED 产生高达 200 万 lx（lm/m^2）的照度[64]。

使用主动式制冷以及各种智能控制的 LED 照明系统的衰减速率要慢得多。不过，说到一般应用，日常家庭照明用的 LED 灯和其他应用需要低成本下的高性能和寿命，而且不要有复杂的系统或终端用户调整。

3.4.2 关于光学设计的思考

光学性能是灯最明确而且可直接感知的特征。简单地说，也许对于终端用户灯泡就是灯泡，照亮的房间就是照亮的房间。但对于我们中的许多人来说，一个灯泡能够更加有效照明的真实能力以及由专业人员精心设计，照明的房间才是特别出色、被欣赏和被承认的。前面的讨论，已经使我们对 LED 产生光辐射背后所隐含的多方面的科学和技术复杂因素有了一些了解。因为光学设计部分是本书后面章节的主要部分，所以在这一节中我们将主要给出总的设计思考。

3.4.2.1 LED 发光器件的光抽取

为了把光从 LED 芯片中最大限度地抽取出来，就需要将光在芯片内部的散射和吸收最小化。这需要生成平整的外延层界面以及低缺陷密度半导体材料来减少散射和吸收。在制造完成的芯片内部，金属和介质层界面处的凹凸不平也会引起光损耗，必须将其最小化。不过，由于和周围材料之间存在大的折射率失配，外延层光滑的表面会产生相当强的反射。周围材料可以是密封用树脂，也可能是荧光粉层或空气。这种反射使所产生的光重新回到芯片并在芯片内部被吸收掉。因此，这种反射必须用折射率匹配技术消除。折射率匹配技术有加入四分之一波长堆层或者一些能产生周期性表面的波纹状几何结构。

同样地，也需要通过提高均匀性和效率将荧光粉的损耗降到最低。取决于荧光粉在光引擎中的位置，必须通过减少光在所有二次光学元件中不必要的反射、吸收和散射，使整体的光抽取最大化。

3.4.2.2 光分布整形

包括一般目的的日常照明，照明空间分布特性在各种照明应用中都发挥着重要作用。这也就是我们前面所讨论的光通量分布 $\Phi(x, y, z)$。用现代方法制作的 LED 所产生的近场分布可以用朗伯分布来近似，因此，最适于照明非常近距离的平面。虽然偶尔被称为定向光源，但是它们仍旧只适用于 LCD 背光及工作位置照明等短距离应用。对于远距离照明，它们的方向性不像激光那样有用，甚至对于手电筒一类的应用也不合适。对于中等距离应用，LED 发光管必须使用光束准直器来获得有效的指向性照明。

对于 LED 灯具，产生指定空间分布的方法有多种。在第 6 章，我们会讨论几种这类二次光学技术。有效的二次光学可以产生具体应用所需要的光分布。

3.4.2.3 颜色参数

LED 灯或灯具完整的光学设计要求包括满足显色指数（CRI）、相关色温（CCT）、颜色参数，并获得高的芯片抽取效率以及合适的空间光分布。对于许多应用，这些参数的大部分需要相互之间彼此平衡。因此，要使一种特定的 LED 灯具获得期待的性能，必须要经过优化。

3.4.3　电气设计要求

电驱动器的效用已经在 3.2.2.3 节中讨论过。这里，我们考虑如何通过优化一些电参数来改善 LED 灯或灯具的性能。

3.4.3.1　正、负电极的制备

我们在光学和热设计中已经知道，主要的电气性能也和 LED 芯片的光电特性有关。芯片的 $I-V$（电流－电压）和 $L-I$（光－电流）特性随着高质量的制造技术而改进。高质量制造技术保证所生产出的电极具有小的二极管串联电阻，坚固而稳定。总的串联电阻应该通过使用高电导率金属合金形成短的邦定线及外部引脚减少到最小。

3.4.3.2　LED 位置分布的设计

电驱动器的设计取决于所设计的位置分布用多少颗 LED 发光管来满足某种照明应用。例如，假如一个灯使用不同数量的 LED、按照相当不同的位置分布相互串联或并联用于产生不同的光通量分布和亮度，那么它的驱动器效率和功率因数也将和其他灯不同。

LED 灯的耐久性与电驱动条件直接相关。由于小功率和大功率 LED 具有相当不同的 $I-V$ 和 $L-I$ 特性，必须选择合适的工作电流避免过早烧毁。可以预期，如果施加过量电流，所有二极管都会烧毁。为了优化驱动器效率并避免热扩散，LED 发光管的位置分布需要合适的连接。在驱动器规格范围内，选择合适的电压、电阻、电容和电路进行串联和并联或串并联组合。如果 LED 是并联的，所有发光管的工作电流、电阻、二极管导通正向电压 V_F 等特性必须相当一致。这就需要进行 LED 的一致性分选。此外，合适的电驱动器也可以为不同的 V_F 提供补偿。我们在第 2 章讨论过，由于能隙不同，红、蓝和白光 LED 的电压自然也不相同。因此，并联连接将需要为每种颜色的 LED 单独配备串联电阻，限制流经二极管的电流。

3.4.3.3　电气控制功能

LED 灯具的几个功能可以通过其电驱动器进行控制。其中最重要的就是 3.2.2.3 节所讨论过的输出光通量大小的调节。添加调光功能有可能降低 PFC。因此，当使用了调光，我们一定要确认 PFC 没有下降很多。否则的话，一方面试图通过调暗光输出实现节能，另一方面调光电路消耗很多功率，结果是南辕北辙。

控制某类 LED 灯功能的驱动器案例是美国国家半导体公司（现在德州仪器公司）的 LM3433。这是一款共阳极、电流型驱动器，用于大功率、高亮度 LED 背光照明，微型投影仪以及照明应用。LM3433 是 DC－DC 降压型恒流稳定器。它短的、固定导通时间架构使用小的外接无源器件，无需输出电容。它分别使用模拟和数字电流控制模式来调整制造偏差和进行 PWM 调光。其他特点还包括过热关灯、VCC 欠电压锁定以及逻辑电平关灯模式[65]。

电驱动器可以为全色显示器、背光照明的 LCD 电视、基于 LED 的广告牌、电

子信息屏等提供其他各种控制功能。这包括亮度调整、伽马校正、色域扩展以及热管理优化。

3.4.4　机械设计要求

机械特性对于 LED 灯具的寿命和使用安装等至关重要。在芯片水平，它们属于微机械层面，包括金属化焊盘的附着力、焊线强度、密封树脂涂布技术及材料质量等等。而在子系统和灯具层面则属于宏观机械问题，这包括 LED 引擎与 PCB 的集成、驱动器、散热器结构及其他等。各种元件的机械设计和工程涉及确定合适的大小及形状、硬件的构建及实施方法，以便将装配、安装和使用过程中的机械应力降低到最小。产品开发和制造过程还必须与综合的测试相结合，包括冲击、振动、防水等测试用以保证最终产品具有一定的寿命保障期限。这样的技术开发可以使产品随时间的劣化最小，易于使用并可保护各种来自周围环境的损害。这些在其他光电工业，比如用于光通信工业的激光器、探测器、发射器、接收器子系统中已经是成熟的技术[66]。

如果 LED 灯和灯具工程师能够对热学、光学、电气和机械四个工程领域同时进行优化设计，将为 SLL 工业带来很大益处。这种设计优化的目标应该包括性能的定量化，为所有的 LED 灯和灯具参数确定公差和误差范围，并将其转换为生产线达到一定精度水平的能力。开发者应该通过不断的修正使设计能力和制造技术相匹配。他们应该证明成功的、最终产品的误差在所设计的公差范围内。通过进一步优化设计，可为产品制造带来更宽的公差范围。这也将使得技术边界得以进一步扩展。这种进步一定会降低 LED 灯和灯具的成本。

第4章

灯的测量和表征

4.1 概述

尽管 LED 照明是一种复杂而独特的照明技术，过去几年 LED 照明工业已经在照明特性表征方面取得了显著进展。然而，由于各种 LED 灯具的广泛多样化配置和应用，其特性表征还缺乏完整性、标准化和专门性。为了确定它们是否适用于现有照明应用，必须对 LED 照明灯进行详细的特性表征，以便与现有产品进行有意义的比较。

这样细致的评估，首先要求 LED 照明灯按照第 1 章讨论过的所有通用照明参数进行全面和准确的特性表征。为了理解这些针对现有照明灯以及新的应用需求的性能特性表征，我们将在本章就标准光度法和色度法如何应用于 LED 灯进行研究。然后，我们将分析 LED 灯如何与白炽灯和荧光灯进行相应特性的比较。在本章的最后一节，我们将考察 LED 特有的测量和特性表征方法，因为它们对该领域的持续改进一直很重要。

4.2 通用照明参数的测量和表征

在第 1 章我们已经看到，无论是营造一定的环境氛围，还是从事具有一定可视度要求的特定工作的情况，不少照明参数对照明空间的照明质量和效率产生影响。让我们回顾这些参数，并研究一下这些参数的测量精度是多少，以及这些测量数据如何应用于几种常见需求。

4.2.1 主要照明指标和测量

第 1 章的表 1.3 提供了基本照明指标，我们现在将其扩展为表 4.1 以包含可测量性指标。其中可测量性用一些市场上可采购到的常见测量设备来描述。这些照明指标和测量方法属于光度学和色度学范畴。区别于辐射度测量，光度测量只局限于测量人眼可见的光能量，而辐射度测量涵盖所有光辐射能，包括可见、红外及紫外光谱。光学测量的整体定律主要分为光度测量法和辐射度测量法。值得注意的是，尽管这两类测量均可应用于常见灯具，但光度测量法更为常用，而且最相关。尽管如此，有必要理解两者之间的区别和转换方法，这一点对于 LED 灯尤为重要。辐射度量和光度量之间的转换方法在 4.2.3 节中描述。

表 4.1　基本照明指标和测量仪器

序号	物理量 （符号）	国际单位 （SI Unit）	单位 符号	仪器和供应商 （适用时）
1	光通量（Φ）	流明	lm	积分球；GL Optic、仪器系统公司等
2	亮度（L）	流明/球面度/平方米	lm/(sr·m²)	柯尼卡美能达 LS – 100/110 和 CS – 100/200 等
3	照度（E_v）	流明/平方米 （勒克斯）	lm/m²（lx）	柯尼卡美能达 CL – 500A、GL Optic 等
4	光出射度（M）	流明/平方米	lm/m²	柯尼卡美能达 LS – 100/110 和 CS – 100/200（由光亮度得到）
5	光通量分布 [$\Phi(x, y, z)$，在笛卡儿坐标系或极坐标系中]	流明	lm	分布式光度计；Techno Team Bildverarbeitung GmbH、仪器系统公司等
6	光谱能量分布	瓦特/米	W/m	柯尼卡美能达 CL – 500A、Gigahertz Optik 等
7	灯效	流明/瓦特	lm/W	无法直接测量；详见 4.2.4.6 节
8	灯具效率	无	无	无法直接测量；详见 4.2.4.6 节
9	CIE 色坐标	无	无	柯尼卡美能达 CS – 100/200、柯尼卡美能达 CL – 500A、GL Optic 等
10	显色指数（CRI）	无	无	柯尼卡美能达 CL – 500A 等
11	相关色温（CCT）	开尔文	K	柯尼卡美能达 CL – 500A 等

注：表中列出的测量仪器和供应商仅为举例。市场上存在其他仪器和供应商，测量该表中某些参数的一些仪器可能尚在开发中。仪器系统公司现在是柯尼卡美能达公司的一部分。

4.2.2　辅助照明参数

表 4.1 提供了可以直接测量或从测得参数直接计算得到的照明参数。然而，记住下面这点很重要：若干其他参数也会影响照明质量，并且测量或计算的难度更大。表 4.2 中列出了这类参数作为辅助照明参数。

虽然表 4.2 中列出的物理量并不总是被直接测得或在改进照明的设计中严格实

现，但是经验丰富的照明设计师利用先验知识和定性分析能够获得这些参数的高质量性能表现。如果设计者对 LED 灯及灯具设计不敏感，这些参数在用于照明应用的定义和调整时，相比白炽灯和荧光灯的常用参数，就会变得更加复杂。然而，LED 照明在指示灯和电子显示屏等方面的应用通常具有更多的优势，无论是其内在机理还是技术控制方案。

表 4.2　辅助照明参数及其描述

物理量	描述
色彩平衡（白平衡）	如果光源亮度或明度变化明显，为达到最佳照明或显示特性，光源光谱色需要相互调整或"平衡"。对于电子显示应用，一个称为"伽马校正"的算法用以实现色彩平衡
视锐度	用于描述我们所观察到的被照物体或显示器图像的清晰程度，与聚焦或清晰度相关。照明和显示应用中的过亮和色彩失衡会导致视觉模糊或图像失真
对比度	描述不同颜色间的颜色辨别度。因为我们可以看到的大量颜色可以由几个基元色如 RGB 三色组合而成，所以颜色辨别与基元色如何有效地按比例组合有关。对比度不同于视锐度，尽管有时候两者有类似的视觉效果。视锐度给出不同对象的清晰度和更清晰的轮廓，而对比度提供颜色的辨别
眩光	用于描述有碍视觉、不必要或过度的反射光。当各向同性点光源所产生的照度不超过人眼舒适水平时，通常不产生眩光，除非一部分光以特定角度入射到高反光表面并在到达人眼的特定方向汇聚光线。除非被设计为提供各向同性照明，与白炽灯和荧光灯相比，高亮度 LED 灯可能产生更多的眩光
干涉	从技术上说，白光不会产生干涉。如果 LED 灯具使用几个单色或接近单色的具有某些特性的 LED，在灯具配置中可能会产生一定程度的不受欢迎的干涉现象，导致非最佳照明输出
像差	人眼的像差存在个体差异，可能产生在一定程度上和照明波长相关的畸变。通常，这种依赖性相当小[67]
偏振	偏振照明和检测可用于提高在高散射介质中被遮挡物的可视度[68]
时变	AC LED 或 PWM 调光使用随时间变化的输入电信号。必须谨慎选用某些人眼敏感的频率

4.2.3　辐射度量和光度量的转换方法

光度参数的数值获得，首先需要测量从光源发出的或入射到某个特定表面的相应的光功率或辐射功率，然后应用一个考虑了人眼平均灵敏度的转换关系进行转换。正如第 2 章所述［式（2.10）和式（2.12）］，所有光度参数包括光通量（lm）是将测量得到的光谱辐射功率（W/m）按照视见函数（或光度函数）$V(\lambda)$ 加权计算来确定。每个光度量都有基于瓦特（W）的对等辐射量（即单位时间的能量）。因此，国际照明委员会（International Commission on Illumination，CIE）规定用代表能量 "energy" 的下标 "e" 表示辐射量[69]。因此，与光通量 Φ 对应的辐射功率标注为 Φ_e。由于辐射功率是波长的函数，其光谱函数被标注为

$\Phi_\lambda(\lambda)$ 并称为"光谱辐射功率"。物理量 Φ_e 和 $\Phi_\lambda(\lambda)$ 的关系表达如下：

$$\Phi_e = \int_0^\infty \Phi_\lambda(\lambda)\,\mathrm{d}\lambda \tag{4.1}$$

其示意图如图 4.1 所示。

式（4.1）表明一个光源的总辐射功率包括这个光源所有光谱功率分布的贡献。因为光源可以是单色、近单色和不同光谱分布的多色，所以辐射度量和光度量之间的相应变换也随之不同。

说明

1）由于光波长为微米（$1\mu m = 10^{-6}$ m）量级，在波长域通常使用纳米（nm）或埃（Å）等更小的单位量级，以获得足够的分辨率。$1nm = 10^{-9}$ m；$1Å = 10^{-10}$ m。

2）在实践中，式（4.1）的波长积分区间为感兴趣波长区域的边界。例如，对于典型的可见光范围的上下极限波长，往往分别采用 380nm 和 780nm。

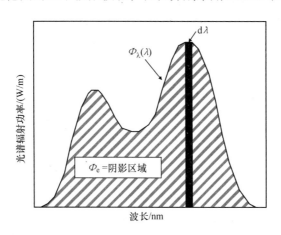

图 4.1　一个假想的例子用以说明光谱辐射功率 $\Phi_\lambda(\lambda)$ 和总辐射功率 Φ_e 之间的关系

4.2.3.1　单色辐射

如果一个光源在可见光谱内发射一个特定波长 λ 的单色辐射，只要将辐射功率 Φ_e 分别乘以 $V(\lambda)$ 值和常数因子 683lm/W，其辐射功率 Φ_e（W）很容易转化为相应的光通量 Φ（lm）。因此

$$\Phi = \Phi_e \cdot V(\lambda) \cdot 683 \tag{4.2}$$

式中，Φ 和 Φ_e 分别以 lm 和 W 为单位。

许多裸芯片形式的可见光 LED 所发出的光非常接近单色。只要它们的光谱宽度不太宽，不落在 $V(\lambda)$ 变化剧烈的区域，式（4.2）提供了一个很好的从辐射功率到光通量的近似转换。需要注意的是，虽然红光和蓝光 LED 灯珠可能有相同的能量效率，但由于红色和蓝色波段的 $V(\lambda)$ 值非常不同，它们将有两种明显不同的发光效率。

4.2.3.2 多色辐射

如果一个光源是多色的光谱辐射，其光谱辐射功率分布为 $\Phi_\lambda(\lambda)$，则其光通量 $\Phi(\mathrm{lm})$ 可以通过计算 $\Phi_\lambda(\lambda)$（$\mathrm{W/m}$）和 $V(\lambda)$ 的加权和再乘以常数因子 683 来获得。因此

$$\Phi = 683 \int_{\lambda_1}^{\lambda_2} \Phi_\lambda(\lambda) \cdot V(\lambda)\,\mathrm{d}\lambda \tag{4.3}$$

式中，λ_2 和 λ_1 分别是光源光谱的长短波长边界。式（4.3）本质上与第 2 章式（2.12）一致。

4.2.4　常用光度测量

如前所述，辐射度学是光度学的基础。因此进行光度测量的仪器也必须进行辐射度测量并能够在各种环境条件下恰当地转换为光度量。在表 4.1 中，1~8 项（6 项除外）为光度量，可使用各种商用仪器测量。接下来我们结合一些典型仪器来讨论这些量的测量。

4.2.4.1　光通量 Φ

光通量是一个基本光度量，对应于平均人眼感知的光源所发出的电磁辐射量。它是一个总是以流明为单位来评价的标量。在 4.2.3 节中可以看到，它是通过测量光谱辐射功率，由光谱辐射功率与平均人眼的光谱响应函数即"视见函数" $V(\lambda)$ 加权计算得到的。因为人眼的灵敏感在可见光谱内是变化的，如 $V(\lambda)$ 函数所示，所以不同颜色的单色光源在相同的辐射功率下产生数值差异巨大的光通量输出。对于单色和多色电光源，总光通量输出与总输入电能之比为发光效率。发光效率是能源效率的一个重要参数，特别是当我们对白光照明灯具进行比较时。

测量光源总光通量最直接的方法是用一个带有探测器和光源端口或灯座的，称为积分球[70]的封闭装置。积分球通过其球内表面产生的大量朗伯反射使得光源的光学辐射均匀分布，以用来检测光源的总辐射功率和所有光谱辐射功率组成。这种设计使得积分球可以对许多不同类型的定向光源，包括 LED 和荧光灯，进行总光通量测量。这种装置应用了若干理想概念，因此确保这种构造的球体尽可能满足理想条件非常重要。其中包括内表面的反射特性应该接近朗伯体，并且反射率与波长无关。此外，探测器应该对入射辐射的空间分布和偏振特性不敏感。另一个关键要求是，球体的直径必须大于光源样本总体尺寸以及入口和出口直径的若干倍。积分球是相当精密的测量仪器，需要复杂的校准、操作和维护。它们也能够进行其他光度、辐射度和色度测量。

目前，许多制造商，包括 GL Optic、Gamma Scientific、Labsphere、Instrument Systems 和 Gigahertz – Optik 提供各种尺寸的积分球进行单色和白色光源的光通量测

量[71-74]。图 4.2 所示是 GL Optic 公司的一款小型积分球，能够测量包括小型 LED 灯在内的各种光源的总光通量及其他辐射度和色度参数。在不同的生产阶段，总光通量是 LED 质量检测的一个重要参数，包括单个的和阵列的，未封装的和封装的，以及最后组装阶段带二次光学系统的。在所有这些阶段，所涉及的光通量测量必须是实际可行且可重复的。

图 4.2　积分球 GL OptiSphere 205（左图）和 GL Spectis 1.0。GL Optic 公司（德国 Just NormLicht GmbH 公司的子公司）的一款手持测光表。GL OptiSphere 205 是一款使用便捷的多功能小型积分球，适于对包括各种类型的 LED 灯在内的光源进行大量快速测量（照片由 GL Optic GmbH 提供）

4.2.4.2　亮度 L

亮度是一个光源的固有属性。只要光源从其表面均匀辐射，亮度就不随空间维度而改变。它等于单位面积上的发光强度，即在数值上等于在封闭单位体积的曲面上，在某一特定方向的单位表面积上存在多少光。换句话说，它提供光源的固有亮度信息。其测量单位为流明每球面度每平方米（$lm/sr/m^2$）或坎德拉每平方米（cd/m^2）也被称为尼特（nit）。对某些灯来说，比如汽车前灯和投影灯，以及电子显示屏和计算机显示器，这是一个很重要的参数指标。

对亮度的仔细测量可以揭示光源的亮度均匀性以及发现灯具上肉眼难以察觉的黑点。虽然在显示行业广泛应用，但是亮度并不是一般照明行业普遍认可的常见参数。然而，如果制造商在应用的规格参数表中包含该参数及其空间分布曲线，LED 灯具的用户和规格制定者将大大受益。柯尼卡美能达公司拥有各种规格的亮度计，可以测量具有不同光斑直径的光源亮度，其中一些非常适合单 LED 发光管[75]。图 4.3 显示了柯尼卡美能达公司的 CS-100A，这是一个手持仪器，可以配合近摄镜头测量小尺寸光源的亮度和颜色特性。

图 4.3　柯尼卡美能达公司（日本）CS - 100A 彩色亮度计，可测量小至直径 1.3mm 的光斑亮度，
也可测量（x, y）色品坐标。其高端系列 CS - 200A 可测量光斑尺寸最小至 0.3mm

4.2.4.3　照度 $E_v^{\ominus}$

照明设计师和建筑师常常测量灯和灯具的照度来确定入射到与单个或多个光源
有一定距离的一个表面上的光通量。他们寻求特定平面上一定的照度值，以确保达
到特定应用所需要的合适照明。因为照明方案还包括颜色特性选择，所以现在可以
使用集成设备测量照度和颜色特性。柯尼卡美能达公司的 CL - 500A，如图 4.4 所
示，可以测量单位为 lx（lm/m²）或呎烛光（fc）$^{\ominus}$ 的照度，（x, y）和（u', v'）
CIE 颜色坐标，色温，以及光谱辐射功率分布[76]。

4.2.4.4　光出射度 M

光出射度在数值上等于从一个表面发射或反射的单位面积上的光通量。在前面
的部分中，照度则被描述为有多少光通量入射到一个表面上。照度主要是用于照明
应用领域，而光出射度则是类似概念在显示应用领域的对应说法。正如预期的那
样，两个量使用相同的单位（即 lm/m²）。然而，缩写词 lux（单位为 lx），仅用于
表示照度。

⊖　下标"v"用来表示"可见"辐射。

⊜　1fc = 10.76lx。

图 4.4　柯尼卡美能达公司（日本）CL‑500A 光谱照度计，
可以测量光源的照度、颜色参数和光谱特性

4.2.4.5　光通量分布

随着 LED 灯在市场上变得更加普遍，至少从设计和测量的角度看，光通量空间分布（spatial flux distribution，SFD）有望成为更重要的照明参数。这是因为，与传统光源不同，作为分立的发光器件，LED 体积小、方向性强而且非常亮。因此，在灯具中采用阵列的 LED 而没有二次光学系统，通常导致在感兴趣的照明区域内产生很强的非均匀发光强度分布（luminous intensity distribution，LID）和 SFD。

LID 和 SFD 是类似的参数，前者与光源相关，是其固有属性；后者与光源产生的空间光功率分布有关。SDF 本质上是一张照度分布图。

与 LED 光源相比，白炽灯和荧光灯天生具有面积更大、弯曲和连续的发光表面，因而在更广阔的空间区域产生更均匀的发光强度和 SFD。由于 SFD 和 LID 的测量是困难、费力而昂贵的，灯具和照明设计师通常更愿意看到它们不是设计中的关键因素或仅是可选项。在这种情况下，设计师可以利用相似产品的先验数据提供一个好的近似方案进行设计。

SFD 描述流明输出功率的空间分布特性。SFD 和 LID 的特性测量使用分布辐射计或分布光度计。显然，分布辐射计和分布光度计的区别在于，后者是由前者经 $V(\lambda)$ 调整后确定。LID 通常是在 $\varphi - \theta$ 角坐标系中进行测量的，可以对感兴趣的特定区域产生所需的 SFD 信息。对于各向同性和形状规则的灯，可以对角度 LID 数据求和计算总光通量 Φ。

光源的 LID 数据可以从几种类型的分布式光度测量系统获得。这些系统都是基于光源移动、镜子移动或探测器（可能是一个复杂的成像相机）移动捕捉光源的光通量、发光强度或亮度轮廓。图 4.5 是分布式光度测量装置的原理示意图。其探测器围绕固定不动的样本移动。在类似的配置中，使用探测器的两个旋转运动来获得灯具的角度 LID 数据，两个运动分别用于探测被测灯相对于探测器的 φ 和 θ 角方位。探测器直径与探测器和被测灯之间的距离构成了测量的立体角，角度 LID 是对各种 φ 和 θ 进行重复测量获得的。

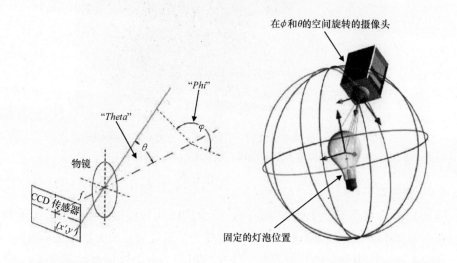

图 4.5　Techno Team Bildverarbeitung 公司（德国）的近场分布式光度计测量原理示意图。
其探测器是一个高分辨率成像相机，在以固定的灯为中心的球面上
连续移动（照片由 Techno Team Bildverarbeitung 公司提供）

在市场上，Techno Team Bildverarbeitung 公司以及仪器系统等公司都有适用于各种光源，包括 LED 的分布式光度计[77,78]。Techno Team 公司的 RiGO – 801 分布式光度系统，利用一个定位台上的亮度测量相机系统，能够对不同大小的灯和灯具（包括大型商业荧光灯）的近场 SFD 进行高精度测量[77]，如图 4.6 所示。Techno Team 公司也有更小型的分布式光度计可测量小型 LED 灯和模组。

商用分布式光度计生成的 LID 数据可以转换成各种照明行业的标准文件格式，一些还可以转换为与通用的光线光学设计工具相兼容的光线文件。例如，RiGO – 801 系统生成的 LID 数据，通过使用光度数据库 LUMCat，可以转换为 EULUM – DAT、TM14、IES、Calculux 等格式的数据文件。用 Techno Team 公司提供的免费转换软件，它们的 LID 数据也可以转化为与照明行业众所周知的设计工具如 ASAP、SPEOS、Lighttools 和 Zemax 等软件兼容的光线文件[79]。

图 4.7 给出了对一个 LED 样品，LED – S4 的光分布曲线（light distribution

照片由 Techno Team Bildverarbeitung公司(德国)提供

图4.6　可测量各种尺寸灯和灯具 LID 数据的 RiGO – 801 近场分布式光度计。灯或灯具固定不动，转动分布式光度计的转臂带动探测器沿光源样品的水平和垂直方向扫描

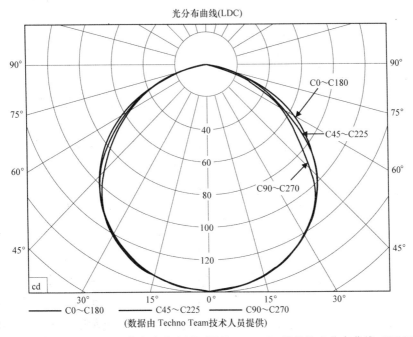

(数据由 Techno Team技术人员提供)

图4.7　使用 RiGO – 801 分布式光度计测量的 LED – S4 样品的光分布曲线（LDC）。该曲线相当于将 LID 的 LUMCat 数据绘制在照明行业常用的极坐标系中

curve，LDC）测量值，该样品将在本章稍后介绍。测量由 RiGO – 801 系统完成。该曲线相当于 LUMCat 生成的 . IES 文件格式的 LID 曲线[80]。

令分布式光度测量费力而昂贵的是系统需要围绕探测器或光源的许多位置进行机械移动和暂停，以便以小角度的步长进行测量。因此，正如前面提到的，目前在工业中只有少数群体使用这种方法，而其他人可能偶尔进行这种测量。分布式光度计主要用于对灯具的配光曲线有严格要求，SFD 和 LID 数据非常重要的情形。例如，在道路和汽车照明中，光线必须定向投射到某个区域以获得优化的照明。

4.2.4.6 发光能效和发光效率

尽管发光能效和灯具效率不能用设备直接测量，但它们很容易从某些测量值计算出来。正如前面所讨论过的，使用合适的积分球，可以测出一个灯在输入电功率的时间平均值 W_{av} 为某一瓦特值时的总输出光通量 $\Phi_{灯}$ 的流明值。发光能效是其商值 $\Phi_{灯}/W_{av}$，单位为流明每瓦（lm/W）。

如果一个灯具是将灯插入到灯罩中来构成，灯具输出的总光通量为 $\Phi_{灯具}$，而灯的光通量为 $\Phi_{灯}$，可以用一个合适的积分球测量，则发光效率是其商值 $\Phi_{灯具}/\Phi_{灯}$ 再乘以 100。

4.2.5 常用色度测量

表 4.1 中的 8 ~ 10 项是一些可以使用商用仪器测量的光源色度量。和光度学一样，色度学定义了被人眼感知到的量。光谱颜色刺激对平均人眼所引起的颜色感知心理量的量化方法的建立形成了色度学的基础。当人眼感知光照中的环境和物体时，反射光线中的彩色或非彩色成分到达眼睛，通过眼睛的生理感知展现为"颜色"。这种表现被描述为紫色、蓝色、绿色、洋红色、红色、棕色、橙色、黄色等彩色描述语，以及白色、灰色、黑色等非彩色描述语，或是上述描述的某种组合。亮度水平和振幅被用以进一步描述颜色感知。颜色的感知依赖于眼睛感知的颜色刺激的光谱分布、刺激的物理性质及其周围环境，比如，它们的相对位置、形状和大小。另外，观察者的经验和视觉系统的适应也在决定是什么颜色时起作用。

在可见光谱中，人眼将不同波长的单色光感知为不同颜色。所感知颜色通过计算人眼对外部光谱颜色刺激的内部响应来实现量化，外部光谱刺激即式（4.3）描述的光源光谱辐射功率分布函数 Φ_λ （λ）。

人眼还能将由一组特定波长组合成的白光的物体照明区别于由另一组波长组成的白光照明。因此，同一个物体被具有不同光谱颜色特性的光源照明时显示出不同的颜色。所感知物体色的量化通过计算人眼对外部光谱颜色刺激的内部响应函数进行，在这里该颜色刺激是 Φ_λ （λ）（光源的光谱辐射功率分布）和物体的光谱反射比分布 R_λ （λ）或物体光谱透射比分布 T_λ （λ）的乘积。

4.2.5.1　CIE 标准照明体

由于一个物体的颜色取决于它是如何被光源照明的，物体色的分类需要对光源进行基于一定的参考光源的特性描述。CIE 因此定义了某些参考光源（即照明体）的色度学标准。这些照明体主要有两种：①CIE 标准照明体 A，定义为相关色温（correlated color temperature，CCT）2856K 的普朗克黑体辐射体；②CIE 标准照明体 D65，代表 CCT 为 6500K 的平均日光[81]。

4.2.5.2　CIE 标准颜色空间

CIE 还创建了某些以数学形式定义的颜色空间以量化颜色感知。这些定义来自 W. David Wright 和 John Guild 分别在 20 世纪 20 年代和 30 年代进行的实验。在实验中将红、绿、蓝（RGB）三种颜色的光组合起来以产生可见光谱中的某一种单一颜色[82,83]。他们的数据生成了标准 RGB 颜色匹配函数，并被转换成 CIE 1931 *XYZ* 颜色匹配函数，随后形成相应的颜色空间。

在中、高亮度环境光下，人眼感光细胞或视锥细胞在红、绿、蓝光波段存在灵敏度峰值（即有三种原色明视觉刺激）。因此，原则上，所有颜色均可以通过一些适当的三刺激值表示。颜色空间，包括 CIE 1931 *XYZ* 和 CIE 1964，建立了三刺激值和颜色之间的关联，从而提供了物体和光源颜色特性的量化手段。我们鼓励有兴趣的读者从众多可获得的出版物，包括 CIE 的出版物[84,85]中，了解更多颜色空间和颜色匹配函数关于描述和量化颜色的内容。

4.2.5.3　CIE 标准色度图

三维（3D）的 CIE 1931 *XYZ* 颜色空间提供了代表所有可能的颜色感知的 *XYZ* 三刺激值。在这个空间中，*Y* 提供亮度值，*X* 和 *Z* 是三刺激色的一些适当的衍生参数。这个颜色空间在平面上的二维（2D）表达，被称为 CIE1931（*x*, *y*）色品图（参见第 1 章图 1.2），这对大多数应用都已足够。这个色品图的 *x* 和 *y* 坐标，如下式所示，通过 *X*、*Y*、*Z* 值的投影[85]计算：

$$x = \frac{X}{X+Y+Z}, y = \frac{Y}{X+Y+Z} \tag{4.4}$$

CIE 1931（*x*, *y*）在全世界广泛应用。然而，它有一个显著缺陷，由于（*x*, *y*）表达中呈现的非线性颜色特性，该平面内两个坐标点之间的几何距离不能与两个点之间的感知色差很好地对应。因此，1976 年，CIE 推出了均匀（*u'*, *v'*）色品（uniform chromaticity scale，UCS）图，其坐标定义为

$$u' = \frac{4X}{X+15Y+3Z}, v' = \frac{9Y}{X+15Y+3Z} \tag{4.5}$$

式（4.5）中的加权变换是用来抵消一些将 *XYZ* 空间投影到平面所产生的非线性特性。虽然（*u'*, *v'*）尺度仍未能提供一个平面内几何距离与色差严格对应的线

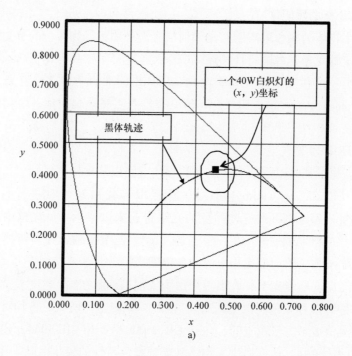

a)

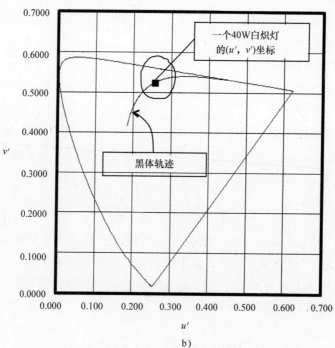

b)

图4.8 用柯尼卡美能达 CL-500A 色度计测量 40W 白炽灯的色品坐标（样品 INC-S1）：a) CIE 1931 色品图的 (x, y) 坐标；b) CIE 1976 UCS 色品图的 (u', v') 坐标

性关系，但是其差异已远小于 CIE 1931 (x, y) 色品图。

正如 4.2.4.3 节中所提到的，一些照度计能够测量光源的 (x, y) 和 (u', v') 色坐标。覆盖整个可见光谱范围的色度计，将已知 CCT 光源的 CIE 三刺激值为参考标准进行校准。根据色度计的能力，上述标准也可用于 CCT、照度或亮度的校准。图 4.8a 和 b 分别给出了用柯尼卡美能达 CL – 500A 测量一个 40 W 白炽灯的 "xy" 和 "uv" 数据。注意，如式 (4.4) 和式 (4.5) 所预期的，尽管在相应的颜色空间中 (x, y) 和 (u', v') 颜色坐标有不同的值，但两者都落在普朗克黑体轨迹线上，这是因为被测样品是白炽灯。

光源的其他颜色特性还有显色指数（CRI）和相关色温（CCT）（表 4.1 中的 10 项和 11 项），也可以用柯尼卡美能达 CL – 500A 进行测量。这些量已在第 1 章中介绍过。下一节中，将给出一个测量的例子，对 LED 灯与白炽灯和紧凑型荧光灯（CFL）的颜色特性进行比较。4.2.4 节和 4.2.5 节全面讨论了如何对光源的主要光度和色度参数进行表征。这些光源可用于通用照明或其他相关照明应用。

4.3　标准光度学与色度学在 LED 灯中的应用

大多数灯和灯具都是根据表 4.1 中提供的基本照明指标按传统方式评价的。LED 灯也不应该例外。值得指出的是，在描述一个灯的优点或与其他产品进行比较时，应该在所关注的整个范围内测量所有指标。LED 工程师和研发者必须注意，不要总是比较由单一数值表征的参数来做出优与劣的绝对判断；而是，如果可以的话，应该使用参数的有意义的范围来描述和比较某些特定于应用情况的性能。例如，尽管照度和发光效率都是用单个数值描述，但如果用于不同形状和位置的光源比较，它们可能是位置相关的。类似的，如果没有其他参数的补充，如光通量分布，仅有总光通量和光视效能的单一数值是不够的。对周围环境照明或广阔的空间照明应用来说，单一数值的比较并不特别充分。此外，用传统的单值 CRI 比较两个光源的显色能力往往是不充分的。

当 LED 灯和白炽灯及荧光灯进行比较时，这些问题比较明显。而白炽灯和紧凑型荧光灯进行比较时，问题就不那么突出。这是因为，通常情况下，LED 灯珠的形状和光谱成分与现在的其他灯差异很大。不同类型的光源，比如 LED 灯和白炽灯不同的光谱成分会影响其显色性能，而这种影响并未能通过传统方式定义的单值 CRI 来表达。因此，人们开始质疑：当前通用的 CRI 并不是一个充分的比较指标，行业中部分人士开始关注重新定义 CRI 或扩展比较颜色质量的表述因素。目前，人们正在争论是否用另一个被称为 "颜色质量尺度（color quality scale,

CQS)"的指标来描述 LED 灯的显色特性[86]。

4.3.1 灯的测量和比较

现在让我们评估几个 LED、白炽灯和紧凑型荧光灯样品。这些灯都是在售的,大部分可在零售商店买到,其他的可以通过特殊供应商订购。正如前面提到的,重要的是要在评估或比较灯具时区分其具体应用。在这里,我们评估三种类别的灯:①氛围灯,②工作灯,③装饰灯。

4.3.1.1 氛围灯的测量

氛围灯通常用来配合调节某些环境氛围,如餐厅、舞厅聚会,或某种形式的展览。这些室内事件,通常发生在晚上,照明必须各方向均匀,有高的显色指数(CRI)、暖的相关色温(CCT),以及单个灯在所需区域提供某种很低的照度水平。取决于灯和灯具的配置,在给定空间内,灯的数量应该是优化的。也就是说,要达到人们能识别和欣赏感兴趣的物体所需的某种最佳照度,所用灯或灯具既不能过多,也不能过少。一般来说,靠近房间的中央或在其他聚集地点需要满足最佳照度要求。有时是在一个大范围的垂直尺度上而不仅仅在某个固定高度的入射平面上。角落通常不需要高照度,但必须有一定的对比可见度。

传统白炽灯或者改良的节能灯替换灯泡适合这种类型的氛围照明应用。现在,零售商店已经有一些用于类似环境照明的 LED 灯在出售。我们将三个这样的 LED 灯的光度和色度特性与三个白炽灯和三个节能灯进行对比。LED 的灯样品被称为 LED - S1、LED - S2 和 LED - S3;白炽灯样品为 INC - SI、INC - S2 和 INC - S3;节能灯样品为 CFL - S1、CFL - S2 和 CFL - S3。图 4.9 给出了对每种灯的三个样品所测得的 CRI 值。

值得注意的是,灯点亮一段时间后多数节能灯的 CRI 值会有所下降,而 LED 和白炽灯的 CRI 值保持恒定。节能灯和 LED 灯的 CRI 值低于之前提到的晚间活动所期望的水平。

然而,正如前面所讨论的,单一的 CRI 值通常不足以进行宽光谱范围上的显色性比较。当前国际通用的 CRI 标准是一般显色指数 Ra,定义为 8 个颜色样本在待测光源下与理想照明体下的颜色相比较的颜色比率的平均值,而这 8 个颜色样本的选择取决于样品光源的 CCT 是高于还是低于 5000K[87,88]。另外的 7 个颜色样本提供光源显色特性的补充信息,例如饱和度水平和与熟知物体的颜色比较[89]。虽然也有更复杂和完整的 CRI 定义,比如 R96a[90],但是 Ra 仍然被广泛使用。尽管 Ra 事实上只是一个数字,也许用 Ra 的图形表达可能更有用,这样所有 15 个颜色样品同时显示在极坐标图上,如图 4.10 所示。

比较两个光源的显色性时,有效的做法是,并排观察两个光源的 CRI 极坐标图,看哪一个能更好地填满这个圆。例如,在图 4.11 中给出了 CFL - S3 和 LED -

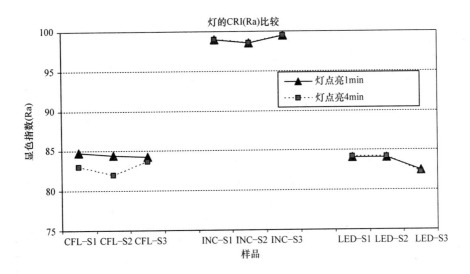

图 4.9　在两种测试条件下，用柯尼卡美能达 CL－500A 测量各 3 个样品的节能灯、白炽灯和
　　　LED 灯 CRI（Ra）值：①灯点亮 1min 后取数；②灯点亮 4min 后取数

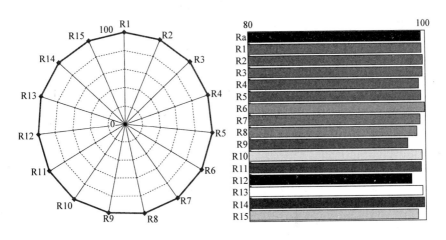

图 4.10　样品 INC－S3 的 CRI（Ra）测量数据的极坐标图和色带图。色带图给出了
　　每个 Ri 样品的颜色和强度，而极坐标图说明高 CRI 会趋近于填满极坐标圆圈。
　　　　　　　　数据由柯尼卡美能达 CL－500A 测得

S3 的 CRI 极坐标图，它提供了一种更有效的方法来判断每个光源以何等程度呈现
各种常见的颜色。颜色条状图不太重要，尤其对于已经非常熟悉样品颜色的富有经
验的工人。当进行比较的样品数量较小时，图 4.11 所示极坐标图也许比图 4.9 更
有助于进行 CRI 比较。

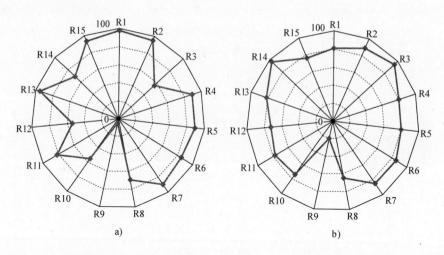

图 4.11　对两个光源测得的 CRI（Ra）图：a）CFL‒S3，b）LED‒S3，在灯点亮后 4min 测量。
比较光源的 CRI 时，并列观察两个光源的极坐标图将给出更全面的评估。
数据由柯尼卡美能达 CL‒500A 测得

　　尽管光源的 CRI 表示观察者能多大程度上观察到真实颜色，但它不表示光源的外观颜色。而光源的 CCT 则提供这一信息。对于就餐和展示所需的环境照明，相关色温应在 2700～3000K 之间。现在，我们看一下所讨论光源样品的色温性能。

　　图 4.12 给出了对每种类型三个样品灯测得的 CCT。有趣的是，紧凑型荧光灯

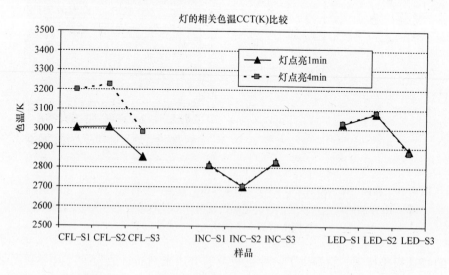

图 4.12　在两种测试条件下，用柯尼卡美能达 CL‒500A 对同一组节能灯、白炽灯和 LED 的 3 个样品测得的 CCT：1）灯点亮 1min 后的测量数据；2）灯点亮 4min 后的测量数据

样品的 CCT 都随着点亮的时间升高了。相比之下，LED 和白炽灯的色温则几乎不变。正如所料，白炽灯样品具有最暖的 CCT（最低的 CCT 值）；而节能灯和 LED 样品在这里显示了相当低的 CCT 值，因而被认为对于许多类型的晚间活动来说是可以接受的。但如果节能灯样品在点亮一段时间后色温显著变冷，那么它们可能就不被接受用于这些场合。

在房间的一些指定区域，环境照明设计师将需要一定的流明输出。正如在前一节中所讨论的，这就是量化 SFD 的重要之处；而量化 SFD 需要进行多角度光度测量。最基本的，照明设计师要保证能够达到一定的照度水平。因为 SFD 可以从 LID 数据推断出来，所以如果一个灯的 LID 属性被充分了解，只要测量某些平面上的照度，就可以近似了解其他感兴趣区域的照明情况。为进行一个相对比较，在距离灯中心下方 17in 和横向 5in 的地方测量所有 9 个样品的照度数据。这些数据以及图 4.9 和图 4.12 中给出的 CRI 和 CCT 数据列于表 4.3 中。

表 4.3 所列的节能灯、白炽灯和 LED 样品的照片分别如图 4.13、图 4.14 和图 4.15 所示。在结束有关氛围照明样品灯测量的讨论之前，很需要进一步详细说明测量条件及样品描述。包括 LED 在内，多数光源光度和色度评估都受到工作温度的影响。这里介绍的所有测量是在一个稳定的、接近 22℃ 的室温下进行。测量仅在所有参数读数稳定后进行。每一个测量值是以 1s 为间隔读取 10 个数的平均值。

表 4.3　用柯尼卡美能达 CL-500A 测得的节能灯、白炽灯和 LED 样品的 CRI、CCT 和照度数据

测量时间 2012 年 7 月 12 日		CRI 数据（Ra）		CCT 数据/K		照度/lx	
样品额定功率/W	样品	1min	4min	1min	4min	入射平面距离灯泡：向下：17in；横移：5in	
						1min	4min
9	CFL-Sl	85	83	3005	3200	443.00	413.20
9	CFL-S2	84	82	3009	3225	487.07	438.75
11	CFL-S3	84	S4	2856	2982	854.13	739.19
60	INC-S1	99	99	2814	2806	1111.05	1115.90
60	INC-S2	99	99	2704	2702	910.58	910.60
75	INC-S3	100	100	2831	2828	1638.57	1636.43
13.5	LED-S1	84	84	3026	3029	1215.46	1208.89
7.5	LED-S2	84	84	3079	3083	902.49	900.92
8	LED-S3	83	82	2887	2873	692.31	679.34

图 4.13　本节的比较研究中所用三个节能灯样品的照片。
目前这些灯在美国的主要零售商店有售

图 4.14　本节的比较研究中所用三个白炽灯样品的照片。
目前这些灯在美国的零售商店有售

图 4.15　本节的比较研究中所用三个 LED 样品的照片。
在编写本书时，这些灯在美国的几个主要零售商店均有售

如图 4.13 所示，这里给出的前两个节能灯样品不是传统的、螺线形且尺寸稍

大的节能灯。小尺寸和非螺线形状影响了整个灯管的长度，从而对节能灯的性能有一定负面影响。这可能是这里所提供的节能灯数据的性能表现欠佳的部分原因。更大而且多圈螺线提供更长的反应长度，从而能更有效地产生荧光输出，也将具有更好的性能。尽管 CFL－S3 在其外层玻璃壳内装有一个螺线形灯，但其调光功能可能影响了其发光性能的测量结果。尽管要确认这些及其他结论都需要更多的测量，但照明设计师和最终用户应该知道，市场上的节能灯在性能方面是很不相同的。

4.3.1.2 工作灯的测量

随着更多的人在全世界范围内工作，以及人们使用更多的各式个人计算机在他们的生活中履行日常职责，工作灯正变得越来越流行。工作灯可以在某些需要的空间提供更高的照度以执行一项需要一定可视度的任务，同时保持周围环境照明在一个较低的水平。

传统白炽灯或节能灯替换灯通常不适合对表面和完成一般工作的小区域照明，因为这些光源发光没有指向性。因此，人们设计灯罩和特定类型的灯具从某些方向反射光线，以提供向下、投射到限定区域的照明。既然基本类型的 LED 灯在有限区域内发光更有方向性，它们自然也就更适合许多工作照明应用。目前，有不少供应商都提供 LED 工作灯。现在，我们将一个 LED 工作灯的光度和色度特性与一个额定电输入功率相近的 CFL 进行比较。这

图 4.16 工作灯样品 LED－S4 的照片。
其尺寸对照于 10 美分（1 角）硬币

里的 LED 工作灯样品被称为 "LED－S4"，而节能灯样品被称为 "CFL－S4"。LED 灯和节能灯样品的额定功率分别为 5W 和 7W。图 4.16 和图 4.17 分别给出了该 LED 灯和 CFL 样品的照片。

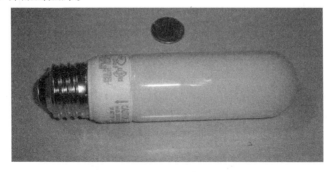

图 4.17 工作灯样品 CFL－S4 的照片。其尺寸对照于 10 美分（1 角）硬币

工作灯通常所需的色度特性要具有 85 以上的 CRI 值和介于 2700 ~ 5000K 之间的 CCT，具体情况取决于所执行的任务在白天还是晚上，以及用户的偏好。两种工作灯样品的 CRI 和 CCT 见表 4.4。

表 4.4　工作灯样品 CFL – S4 和 LED – S4 的 CRI 和 CCT 测量数据

测量时间 2012 年 7 月 13 日 样品额定功率 /W	样品	CRI 数据（Ra） 点亮时间 > 30min	CCT 数据/K 点亮时间 > 30 min
7	CFL – S4	82	6402
5	LED – S4	89	3035

LED 工作灯样品的 CRI 和 CCT 数值都完全在可接受的范围之内。CFL 工作灯样品则不受欢迎。为了进一步调查这两个样品灯的颜色质量，测量了它们的光谱辐射功率分布。LED – S4 和 CFL – S4 的相应测量结果分别如图 4.18 和图 4.19 所示。这些光谱功率分布解释了 LED 灯和 CFL 样品各自令人满意的和不受欢迎的颜色特性。

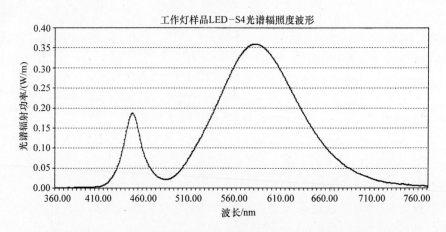

图 4.18　对样品 LED – S4 测量得到的光谱辐射功率分布。该样品围绕峰值波长 586nm
相当宽的光谱分布导致高达 89 的 CRI 值和 3035K 的暖色温

对工作灯的光度要求是，提供一定的照度水平，而且在感兴趣的空间区域内均匀或近似均匀；限定空间区域内的照度水平要保持在指定范围内，以便实现适当的任务可视度。为了量化这些属性，测量了两个灯在桌面上的照度分布图。调整灯座在桌面上的位置，使其基座中心为桌面 X – Y 平面的参考点。这个参考点是描述桌面 X – Y 坐标系统的原点（0.0，0.0），如图 4.20 所示。X – Y 坐标系统是一个（9 × 3）的矩形网格，其中 X 向和 Y 向网格单元分别每隔 2.5in 和 6in 进行测量。

纵轴 Z 表示灯的高度，灯样品在两个不同的高度各测得两组照度数据。实验

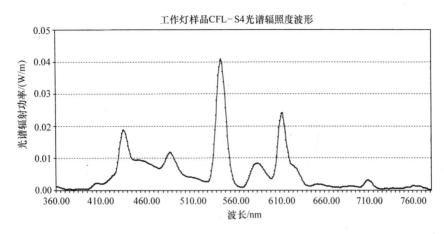

图 4.19 对样品 CFL – S4 测量得到的光谱辐射功率分布。该样品红、绿、蓝光波长的几个窄光谱分布导致一个较低的 CRI 值。而 6402K 的冷色温结果源自在暖色温波段的光谱功率较低

中使用的灯座是一种台灯灯具的一部分，该灯具还包括一个白色灯罩使得各个方向的光线向下倾射。实验灯样品安装到灯具上的 (x, y) 位置坐标是（－1.6，－0.4）；也就是说，它们位于距离原点沿 X 轴负方向 4in，沿 Y 轴负方向 2.4in 的位置，如图 4.20 所示。实验中使用的 CFL 的两种不同高度是 17.0in 和 20.5in；LED 灯的两个高度值则相应增加了 0.5in（即 17.5in 和 21in），这是由于非爱迪生类型灯泡的接线座需要特殊的安装方案。

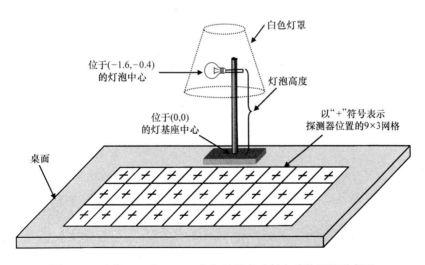

图 4.20 比较 LED 和 CFL 工作灯的照度映射实验装置的示意图

通过将柯尼卡美能达 CL – 500A 定位于图 4.20 所示 "＋" 位置的 27 个网格节点，测得 CFL – S4 和 LED – S4 的照度数据。在较低高度的两个灯的数据如

图 4.21所示，而较高的两个灯的数据如图 4.22 所示。

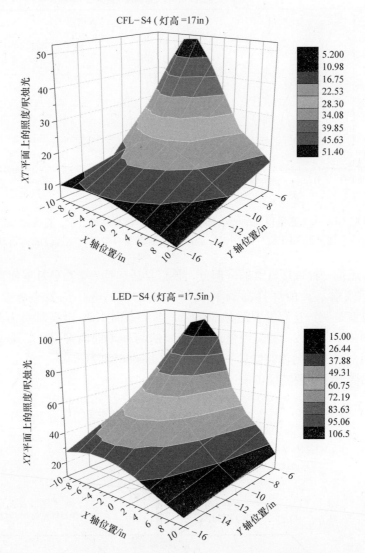

图 4.21　工作灯 CFL – S4 和 LED – S4 分别在灯高 17in 和 17.5in 的位置在桌面产生的照度的测量
　　　　数据。和 LED – S4 相比，CFL – S4 在桌面相同位置所提供的照度不及 LED 灯
　　　　的一半。CFL – S4 样品灯照明所覆盖的桌面区域也更小

　　照度数据集显示，就在桌面的更大区域提供更高的亮度方面而言，LED 样品
灯的表现明显更好。事实上，LED 样品灯主要满足，由 GSA 提出并由美国能源部
（DOE）签署认可的对工作可见度的最小的和推荐的照度要求，即 50 呎烛光[91]。
然而，该实验中使用的具有更高输入功率的节能灯样品却不满足这个要求。由于这
个实验中采用的灯的高度和照明区域在许多实际工作中相当典型，可以得出这样的

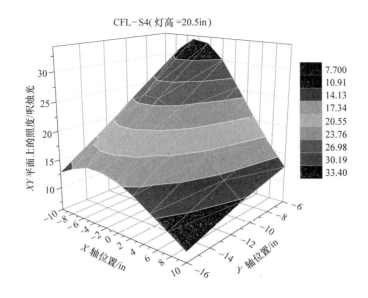

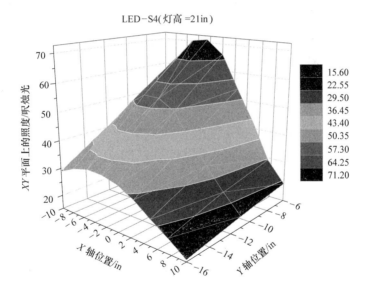

图 4.22　工作灯 CFL – S4 和 LED – S4 分别在灯高 20.5in 和 21in 的位置在桌面产生的照度的测量
数据。和 LED – S4 相比，CFL – S4 在桌面相同位置所提供的照度不及 LED 灯的一半。
在此高度的 CFL – S4 样品灯照明覆盖了与 LED – S4 相近的桌面区域

结论：诸如 LED – S4 这样的 LED 照明灯非常适合于工作照明应用。这个实验的结
果定量地表明，LED 工作灯的性能相较于对应的荧光灯更好，当然在能源效率上
也远优于对应的白炽灯产品。因此，近年来大多数照明设计师和最终用户已经表现
出对于 LED 工作照明的偏好也就不足为奇了。

尽管 LED 光源具有不受欢迎的眩光属性，但使用 LED 光源作为工作用灯仍被很多用户所接受，因为这些灯通常被安装在如图 4.20 所示的灯罩内而用户不需要直接看到它们。许多 LED 灯产生大量眩光，是因为它们在平面上使用平面 LED 发光器，如图 4.16 所示。这种离散 LED 的排列方式产生了类朗伯体的光分布，如图 4.23 所示。图 4.23 中是对 LED – S4 测得的 LID 性能。在第 6 章和第 7 章，我们将进一步讨论为什么具有这种光分布的 LED 灯易受眩光影响。

图 4.23 中的 LID 数据（单位为 cd）用 *XYZ* 空间坐标来表示。LED 样品灯位于 *XYZ* 坐标系的中心，并朝向 *Y* 轴正方向，其 LED 发光器平面平行于 *XZ* 平面。图 4.23 显示，LED 灯发射的所有光线集中在灯的前方，类似稍做修改的三维朗伯体。

4.3.1.2.1　装饰灯的测量

各种尺寸和颜色的 LED 灯被广泛用于装饰应用。这些属于景观类别，而不是照明类别。因此，这些灯对于 CRI、CCT 以及光通量输出的要求通常不是很严格。因为分立的 LED 灯可以封装成塑料外壳中的阵列，并可进行电子控制，所以它们非常适合用于装饰照明。

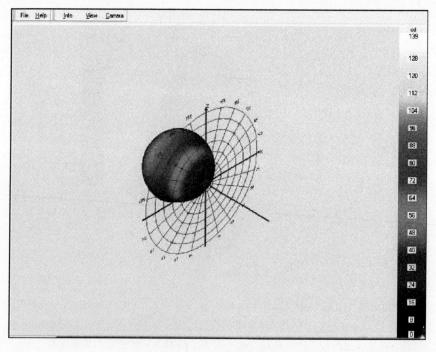

图 4.23　使用 RiGO – 801 系统测量 LED – S4 样品获得的 LID 数据的三维图。该图给出了
样品灯在 *XYZ* 空间坐标系的发光强度分布，以及 *XZ* 平面上角空间刻度线。
LED 灯的测量数据显示其配光接近朗伯体，所有的光分布在灯的前半球内
（测量数据由 Techno Team 公司提供）

现在让我们从一个装饰照明用商业 LED 灯串单元入手，研究 LED 阵列的光度和色度特性。这被称为"LED – Array – Sl 样品"。样品的照片如图 4.24 所示。

如图 4.24 所示，LED 灯串发射白光。尽管单色 LED 在许多装饰应用中很常见，白光 LED 也经常有很高的需求度。因为装饰灯光是被直接观察的，所以建议将其亮度而不是照度指定为光度参数。这会确保灯的最大亮度值不超过人眼的舒适范围，而其最小值保证有足够的辨识度。为了量化这些参数，我们测量了 LED – Array – Sl 样品中的 15 个 LED 灯（标注在图 4.24 中）的亮度和照度。测量结果分别如图 4.25 和图 4.26 所示。

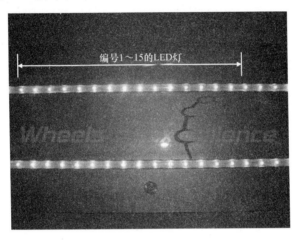

图 4.24　LED 阵列样品的照片，即应用于装饰照明的 LED – Array – Sl。图中放了一个 10 美分硬币作为尺寸参照。在照片上标出了编号 1~15 的 LED 灯，并测量了它们的光度和色度特性

亮度数据由柯尼卡美能达 CS – 100A，借助 110 型近摄镜头测得。附加镜头允许测量的光斑尺寸最小到 1.3mm。但由于 CS – 100A 是一个手持仪表，且 LED 灯珠的光斑大小不均匀，在对 LED – Array – Sl 样本的若干 LED 进行亮度精确测量时遇到一些困难。然而，用 CS – 100A 可以看到 LED 的清晰近场图像模式，并可证实，15 个 LED 样品的光斑尺寸不仅缺乏一致性，而且许多光斑也不是连续的，而是由多个更小尺寸的光斑组成。在这种情况下，通过 CS – 100A 这样的仪器进行亮度测量会有点不准确。一款近场高分辨率成像相机将更加适合测量这种非常规 LED 灯珠的亮度。

既然认识到图 4.25 所示的亮度数据存在一定不确定性，相同 LED 的照度数据可以使用柯尼卡美能达 CL – 500A 测量。这款仪器的优点是，它可以牢固地安装在 LED 灯珠上面从而确保读数稳定。从图 4.26 中可以看到照度数据的重要变化，这证实了阵列中的 LED，存在尺寸和发光特性本身固有的一致性。亮度和照度参数通过式（1.1）相关联，这在第 1 章中针对简单和理想的情况讨论过。

对样品 LED – Array – Sl 的 15 个 LED 的颜色坐标（x，y）分别用这两种仪器

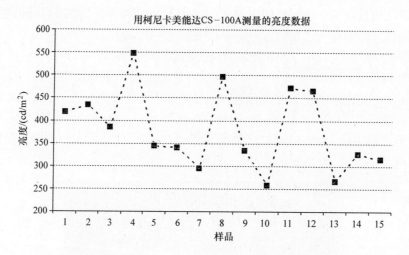

图 4.25　LED – Array – Sl 灯串中 1 ~ 15 号 LED 样品的亮度测量数据。变化是显著的,
但大多数 LED 灯的亮度保持在观察者可接受的范围内

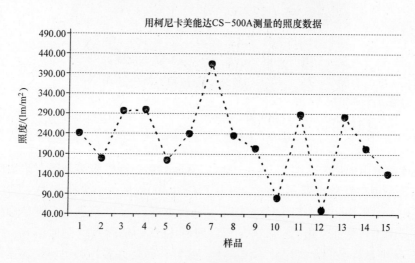

图 4.26　样品 LED – Array – Sl 的 1 ~ 15 号 LED 的照度测量数据。测量时,探测器位于距离
LED 样品灯 2in 的高度。对每个 LED 分别进行测量,测量时遮盖所有其他 LED

进行了测量。该测量值,连同相应的亮度和照度数据,列于表 4.5。令人鼓舞的
是,可以注意到两种仪器所测量的 (x, y) 颜色数据非常一致。

　　白色装饰灯光要求的色温是主观性的。但色温不应该过高,即包含强的蓝色光
谱,这会使许多观者觉得不舒服,晚上也许会有负面的光生物学效应。我们无法获
得确定精度的 CCT,这可能是由于 LED – Array – S1 灯串中单个 LED 的光通量输出
太小。定性来说,LED 灯的色温相当冷且一致。CL – 500A 测得的 (x, y) 色品坐
标数据如图 4.27 所示。

表 4.5　使用两种不同仪器测得的 LED‒Array‒Sl 样品的亮度、照度和颜色数据

测量时间: 2012 年 7 月 16 日	CS‒100 测量数据			测量时间: 2012 年 7 月 17 日	CL‒500A 测量数据	
样品	亮度/ (cd/m²)	色品		照度/ (lm/m²)	色品	
		x	y		x	y
1	419	0.246	0.278	241.30	0.2608	0.2692
2	434	0.271	0.289	178.10	0.2586	0.2646
3	385	0.270	0.293	295.90	0.2649	0.2790
4	547	0.286	0.293	299.56	0.2645	0.2777
5	344	0.264	0.261	173.48	0.2630	0.2783
6	340	0.269	0.279	239.43	0.2646	0.2806
7	295	0.299	0.259	413.01	0.2508	0.2539
8	497	0.245	0.257	235.48	0.2635	0.2748
9	334	0.260	0.305	201.98	0.2560	0.2592
10	257	0.268	0.297	80.25	0.2667	0.2891
11	472	0.266	0.294	286.91	0.2626	0.2720
12	466	0.255	0.305	48.52	0.2582	0.2697
13	267	0.248	0.252	282.30	0.2584	0.2702
14	326	0.246	0.225	202.56	0.2691	0.2846
15	315	0.260	0.262	139.86	0.2585	0.2704

注:CL‒500A 测量数据用计算机读取,而 CS‒100 数据由手工记录。

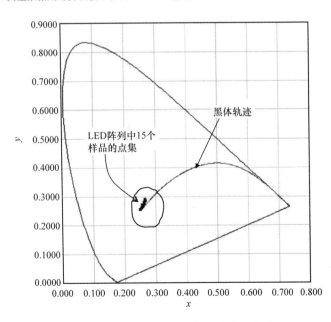

图 4.27　对 LED‒Array‒Sl 阵列中 15 个 LED 测得的颜色变化,表示为 CIE 1931 色品坐标图中的色品坐标 (x, y)。所有颜色落在高 CCT 范围,存在明显的 (x, y) 坐标变化

尽管图 4.26 中（x，y）坐标存在较大的变动，数据显示，15 个 LED 样品的 CCT 非常高。作为装饰，这种类型的 LED 阵列是可以接受的。既然这些小而且分立的灯不是用于照明，它们的颜色再现特性表现如何就没有太大关系。不过，值得指出的是，对于大多数照明应用，这样的 LED 组合都不适合用于制作灯具。

4.3.2　LED 照明评价的建议和指南

从上一节给出的三类光源的测量可见，要正确评价照明的性能，选对合适的数据集非常重要。尽管我们的视觉评估很关键，但对于许多应用，快速、定性的判断并不适合。我们不应该盯住照明灯和灯具，对亮度、颜色和其他照明特性做出任何指标性评判。灯具的照明质量不能仅由视觉观察而定。因为：

1）眼睛的快速一瞥不能完全确定灯的亮度是否足够照亮感兴趣的对象和空间。

2）由于视觉的非线性和饱和特性，眼睛不能确定一个灯比另一个灯亮多少的具体数值。

3）灯的亮度特性不足以判定其照明能力，这取决于流明分布特性，即光通量在空间上的适当整合。

传统灯具已经经历了许多设计和开发周期，继而形成了多种类型的产品设计，满足不同的应用需求。LED 灯和灯具技术已经给照明行业带来了更多的可能性。然而，为了生产高质量的灯和灯具，必须准确评估 LED 灯的独特照明特性以充分利用它们的全部优势。由于 LED 光源比同类产品拥有更丰富的光谱特征，在测量仪器中需要考虑不同工作条件下 LED 光度和色度特性之间的相互联系。色度特性的测量必须准确地控制作为参考参数的光通量或亮度，确保操作条件稳定。要最准确地测量颜色数据，应该使用光谱型仪器。过去传统的光度和色度仪器一直以来主要使用 CIE 标准照明体 A 作为参考光源；而且，它们是基于 RGB 滤光片的，其光谱响应被修正为严格匹配 CIE $V(\lambda)$、$X(\lambda)$、$Y(\lambda)$ 和 $Z(\lambda)$ 光谱函数。如果被测光源的光谱接近参考光源的光谱，这样的仪器是足够的。然而，CFL 和 LED 灯有大量蓝色光谱成分和起伏变化的光谱曲线，测量误差会显著增加。

LED 灯的颜色量化已成为照明行业优先考虑的问题。典型的 LED 制造商说明书包括颜色坐标、CCT 和 CRI 信息；一些还包括颜色纯度或偏差数据。所有这些颜色特性可以从光谱数据计算得出。CRI 和 CCT 参数主要用于 LED 的匹配分级。在许多应用中，LED 的相互匹配比绝对匹配提供更多的好处。

4.3.2.1　零售灯规格指引

本章提出的全面表征照明灯特性的建议对于照明专业人士特别有意义。但是，对于许多灯具零售单位，要在外壳上包含表 4.1 中描述的大量参数值是不切实际和低效的。然而，如果零售 LED 灯能提供以下主要信息以及应用场景标识，对于消费者选择将会很有帮助：

1）总光通量；

2）发光角；

3）显色指数（CRI）；

4）相关色温（CCT）；

5）功率瓦数；

6）应用场景（例如，房间照明或桌面照明）。

4.4 LED 专有半导体照明特性的测量和表征

到目前为止，在本章我们已经调研了传统照明灯和 LED 灯的测量和表征。为了优化 LED 灯的性能，至关重要的是，在生产过程中，LED 照明灯设计的各种要素都通过严格的测量和表征进行验证。在第 2 章和第 3 章，我们已经看到，LED 科学和技术相当复杂。因此，LED 照明产品的开发要求密集的测量和表征技术，用以验证设计所预期的性能并优化分级筛选过程。这些主要是在不同驱动［包括脉冲和连续波（CW）模式］和热条件下的光电、光度和色度特性。这些可根据适用性或制造商的生产能力在晶圆、独立芯片或封装阶段进行。接下来简单概括一下这些特征。

4.4.1 LED 的光电测量和表征

LED 的光输出特性本质上与芯片的半导体材料特性有关。因此，材料特性的完整表征对于理解和控制 LED 灯珠的性能至关重要。这些包括以下几点：

1）掺杂氮化镓（GaN）及相关合金的电子和其他结构表征。具体而言，这包括与温度相关的霍尔效应测量，可提供霍尔迁移率和温度有关的电子浓度；深能级瞬态光谱（deep level transient spectroscopy，DLTS），可提供辐射复合过程效率的信息；透射电子显微镜（transmission electron microscopy，TEM）和次级离子质谱法（secondary ion mass spectroscopy，SIMS），可鉴别杂质、确定掺杂效率，并分析表面形态；原子结构信息的 x 射线衍射；表征电气特性的 $C-V$ 和 $I-V$ 测量。

2）与温度有关的光学特性，如 GaN 合金材料系统在各种光和电激励下的光致发光和电致发光。

3）确定正向电压（V_F）、总光通量（Φ）和主波长（在某个额定驱动电流 I_d 下）。

这是 LED 相关的一些主要材料特性和器件特性。在半导体照明产业，这些领域正在进行深入研究，我们鼓励有兴趣的读者对其进一步研究。

4.4.2 不同热条件下的照明参数表征

LED 的光度和色度特性需要在不同的温度和加载条件下测量，以便判定它们在所标定的条件下是合格的零售产品。LED 灯的使用寿命必须在各种加载条件下确定，包括高温（例如 85℃）、高湿（85%）和低温（例如 -30℃）的组合。正如第 3 章中所讨论的，对于 LED，L70 和 L50 寿命定义了两种不同的光通量维持水平；色度寿命也应该限定，例如，给出可接受的主波长和 CCT 漂移量。重要的是，制造商数据表中所给出的热性能规格是详细而且可靠的，因为大多数照明设计师和最终用户都无法验证热测量或其精度。这对于替换产品特别重要，因为将 LED 灯装进各种原有灯具中之后，其热性能很难进行评估。为了得到最可靠的热相关照明规范，最好是设计和规定集成系统所用的 LED 灯具，而不是分立的通用灯泡。这是因为每个集成灯具设计都面临独有的热挑战，这取决于所用 LED 芯片的数量、它们的驱动电流、外壳结构以及其他因素。

对大功率 LED 进行全面的热学和光学表征是一个独特议题，需要专门构建的测量系统。GL Optic（德国 Just NormLicht GmbH 公司的子公司）提供的积分球能够进行这种特性测量。该测量系统在一个独立的系统内将热学、光度和色度测试合并在一起，配合某些附件，仪器可集成并扩展到生产线上。特别是热瞬态测量，可以提供高功率、封装后 LED 的内部热阻等关键信息，从而能够加强计算和建模能力。这些测量还可鉴别失效的产品，有助于分选过程。图 4.28 是一个 GL Optic 积分球的照片，能够对 LED 引擎和照明灯的全部光度和色度参数进行热瞬态变化的测量。

图 4.28　直径 1.1m 的积分球 GL OptiSphere 1100 的照片。它测量包括 LED 光源在内，
各种灯的光度和色度参数的热瞬态行为（照片由 GL Optic 公司提供）

要获得高的 LED 产量，重要的是以尽可能无损的方式对 LED 器件进行批量特

性表征。如果分级测量只持续几毫秒，所测得的特性将对应于低得多的结温，而不是大多数现实应用的实际工作温度。因此，为了获得一致和现实的结果，被测LED 器件在不同温度下做光度和色度测量之前，应当被点亮达到一个稳态条件，使热依赖性降到最低。

因为 LED 灯和灯具使用多阶段开发平台制造，所以其测试和质检应该在不同的生产阶段进行，包括：

1）晶圆级，进行检验和分选，以核实电气和光电特性；

2）组装前 LED 单个芯片的测试，以探测焊接和连线引起的变化；

3）组装在散热基板上的单 LED，用于热性能测量；

4）组装在散热基板上的 LED 阵列，用于进行基板到 PCB 的散热测量；

5）与二次光学元件组装在一起的 LED 阵列，用于光学效率测量。

将最终的灯或灯具特性与其上一阶段的特性进行比较，制造商就可以评估所有测量的整体可信度。

4.4.3　光度测量的标准化活动

在过去的几年中，LED 产业在建立光度测量标准和指南方面取得了显著进步。例如，最近更新和发布的标准有，照明工程学会（Illuminating Engineering Society，IES）LM - 79、LM - 80 标准和 ANSI/NEMA/ANSLG C78. 377 标准。美国能源部（DOE）也发布了一份预备文件，"制造商用固态照明灯具认证指南"（Manufacturer's Guide for Qualifying Solid - State Lighting Luminaires），概述了其"能源之星"标准的性能基准。文件列出了美国能源部进行"能源之星"资格测试的认证设施和详细的审批程序。此外，该项目已经开始认证具有特定测试能力、具备资质的仪器和实验室。

该机制起源于 20 世纪 90 年代美国能源政策法案，该法案要求美国能源部通过特定的测试程序判定某种类型荧光灯和白炽灯的能效标准，这些测试程序可以由认证的实验室采用适用的 IES 和美国国家标准协会（American National Standards Institute，ANSI）标准执行[92]。因此，美国国家电气制造协会（National Electric Manufacturing Association，NEMA）的照明设备部门，敦促国家自愿实验室认证程序（National Voluntary Laboratory Accreditation Program，NVLAP）建立一个实验室计划，以测试相关的灯和灯具。美国国家自愿实验室认证程序（NVLAP）、国家标准与技术研究院（National Institute of Standards and Technology，NIST），以及能源部最近已经在建设开始于 20 世纪 90 年代的 LED 灯和灯具测试路径，以促进固态照明产品标准化光度测试的开发和实施。

这种合作努力有助于 LM - 79 和 LM - 80 标准的实施及拓展，并开发了支持NVLAP 认证流程的水平测试工具。它们的指导使得美国国内外的多个实验室获得了 LED 测试的 NVLAP 认证或在认证过程中。一些其他认证机构也正在世界各地形成，通过全面测量 LED 灯、LED 阵列以及各种不同固态照明（SSL）产品的热、光、电特性，支持 LED 照明产品的开发和测试。

国际照明委员会（CIE）和德国工业标准（DIN）的指南也正在帮助世界各地的仪器公司设计和制造研究开发以及生产测试的解决方案，用以测量标准和大功率 LED 的辐射度、光度和色度参数。LED 在照明和显示行业有大量应用，因此在不久的将来将会需要采纳更多的标准和指南。由于照明和显示产品提供明显不同的功能，也需要对支撑两类应用的各种照明光源的主要照明评价指标进行相应的区分。

第 5 章

LED 灯的设计思考

5.1 概述

由前面章节的结果与讨论，我们现在知悉了这样一种理念：要产生高品质照明，灯和灯具的设计必须适合于预期的应用。我们今天所见到的白炽灯和荧光灯，不仅仅对其尺寸和形状进行优化以使其适于各种应用，也很易于制造。许多技术经常面临主要由其固有现象引起的局限性，这将影响制造的可行性，继而影响到最终可获得的产品性能。对于传统照明，已经实现这样一种生态，制造商只生产少量几种通用规格的灯，而由照明专业人员进行设计用这些灯构建各种灯具以适应多种不同应用。迄今为止，照明行业主要是围绕这些通用灯泡，通过适当的灯具设计来满足具体应用中的不同照明要求。因此，作为一个整体，这个领域分成两个不同的群体：灯和灯具。

而对于 LED 灯和灯具，问题就不同了。由于 LED 照明技术本身面临一定的制造局限，难以制造出能够适应广泛照明要求的基本 LED 灯。在传统灯具或其任何变化形式中放置迄今所生产的许多不同类型的 LED 灯，即使将 LED 灯珠阵列用于各种不同配置，也无法有效产生一般应用所需的照明。LED 照明设计师面临的独特挑战在于惯于使用白炽灯和荧光灯时代所形成的传统照明设计原则，而 LED 灯不仅无法实现标准、全方向的发光，甚至适当宽角度并具有一定实用尺寸的 LED 灯也难以产生。在本章中，我们首先调查各种应用中一些通用灯的要求。然后，我们探讨一些典型应用中 LED 灯的设计。在本章的最后一节，我们看一下许多 LED 灯所遇到的重要权衡关系，这将作为优化 LED 照明灯设计的基础。

5.2 照明应用以及对灯的要求

由于人口增长、工业化和新技术的引进，照明产业目前正经历着巨大的增长和模式转变。固态照明（solid - state lighting，SSL）就是这样一种新型的技术，不仅为现有的应用提供了许多更高效节能的解决方案，而且还能够推出令人振奋的新应用，改善人们的生活。然而，这种复杂多变的技术也给发展过百年的照明行业带来了挑战和困惑。在家庭和商业领域，全世界大多数人都开始期待照明性能达到一定水准的人工照明。这些消费者同样也非常习惯于传统灯和灯具的使用以及它们广泛的可获得性和低廉的价格。

　　虽然随着时间的推移将有许多不同的 LED 照明应用及其优点出现，但是现在对 LED 照明专业人士来说重要的是，要认识了解目前已经普遍被世界范围采用的照明解决方案，并仔细评估其性能和优点。这样的研究将为 SSL 开发商设计和制造产品提供必要的指导，使得产品可以保持或超过人们已经习惯了的某些现有产品的照明质量，同时提高下一代 LED 对应产品的能效。因此，在这里，我们考虑以下五种常见的照明应用及其相应特点或对于灯和灯具的需求。

5.2.1　住宅和商业应用中的环境照明

　　自从人工照明发明以来，一般用途的环境照明一直是最古老和最普遍的照明应用。它需要为家庭和工作环境的广阔空间提供照明。因为比白炽灯具有更大的尺寸和更高的能效，所以长的荧光管灯，也称为直管荧光灯（LFL）在 20 世纪 30 年代出现后，就开始在商业建筑中取代白炽灯。然而，即使今天，尽管适用螺口插座的紧凑型荧光灯（CFL）早已方便易得，但作为家庭和商业环境的空间照明，仍有许多人喜欢白炽灯胜过荧光灯。

　　随着荧光灯和 LED 灯的颜色和其他性能的提高，白炽灯正面临着被淘汰的现实威胁。事实上，一些国家，包括瑞士、澳大利亚、加拿大的部分地区、欧盟和英国，已经在阻止某些功率的白炽灯的继续销售[93-97]。在美国，许多州和联邦立法者一直雄心勃勃地追求，在未来几年强制性地逐步淘汰 100~40W 范围内的白炽灯[98,99]。

　　尽管能效非常低，白炽灯泡在颜色、光分布和亮度方面产生了非常理想的环境照明。它们的照明美观舒适，其可根据需要连续调光的能力更进一步增强了舒适性。对比其他的灯，它们通过便携式灯具可以很容易地放置在任何高度和房间里的几乎任何地方，而不需要连接内置电源插座或灯具外壳。这些特点使它们成为住宅和某些注重艺术性的商业应用的理想的照明选择。

　　环境照明的要求取决于房间或空间尺度、应用类型和日光或邻近人工光源形成的背景光。住宅应用一般包括进餐、看电视、休闲、款待来宾——不包括诸如阅读、写作、绘画或缝纫等重视视觉锐度的应用；后面这些特殊需求可以通过增加任务灯来满足。商业应用包括精致讲究的餐馆、酒店、艺术博物馆，它们的主人往往致力于主题照明的美观、色彩保真度和三维立体感的保持，而这些要求光源具有均衡的颜色、亮度和良好的光分布性能。

　　通常用于环境照明的白炽灯是 40W、60W、75W 的通用球泡灯，它可以提供几乎各向同性的光分布以及 500~1000lm 的总光通量。对应的 CFL 产品则以 65lm/W 的名义能效，从 14W 起可以提供从 900lm 到几千流明的光通量。虽然 CFL 的空间光分布不如白炽灯那样均匀全向，但是它们的光通量输出分布在很宽的角度范围，能够照亮更大的空间。因此，节能灯能更有效地在更大的空间提供所需的环境照度水平，同时耗能更少。而代价，主要是在大多数应用中要求较低的色彩品质。目前，许多 LED 替换灯提供比 CFL 略胜一筹的色彩品质，但在同样角度范围内、覆盖相近空间尺度的情况下，在灯的上方和下方无法产生等效的照度水平。

　　虽然在大尺度的家庭和商业环境中仅采用白炽灯技术创建环境照明消耗了大量的能源，但是它确实为某些应用提供了具有吸引力的照明效果。为了给客户和员工营造最佳视觉体验，纽约某些餐厅只使用旧式风格的特长灯丝白炽灯，与常规的白炽灯相比，相同功率[100]下产生的亮度和光通量小得多。图 5.1 展示了一幅罗马风格餐厅的照片，餐厅名字叫 Maialino's，在纽约的格勒姆西公园酒店，其中就有复古灯饰。这些灯饰在照明各种美味佳肴时极尽色彩之渲染，同时为客人创造了一个美妙的就餐氛围。

图 5.1　Maialino's，一家位于纽约格勒姆西公园酒店的罗马风格餐厅，采用的旧式白炽灯如照片所示。这些灯饰的照明完美再现了各种美味佳肴的丰富色彩，同时为客人创造了美妙的就餐氛围
（供图：Maialino's；版权所有：Ellen Silverman）

图 5.2 是一个额定功率 40W 的复古长灯丝灯泡的照片。在任一方向、距离灯泡数英尺（ft）[⊖]，平行于灯泡长度方向的平面上，它产生的光照度大约只有相同瓦数的普通白炽灯所产生光照度的 1/3。因此，这些长灯丝灯泡的发光功效比普通白炽灯低得多。

图 5.2   一个能产生理想就餐和聚会体验的 40W 复古长灯丝灯泡。
这些特殊的白炽灯具有比普通白炽灯更低的色温和光效

在美国这些类型的灯可供住宅使用，可在五金公司、陶瓷卖场等家居零售店买到，每个 9~20 美元不等。如果能接受某些妥协，可以大部分环境照明都使用更节能的光源，同时使用少数复古灯突出风格。

传统上，吊灯已经被兼用为中央装饰件和环境照明灯，在其周围产生一个合理的照明水平。在一个吊灯中，可能有许多明亮发光的白炽灯按照一些中心点对称排布；这样的排列可以产生几乎全方位的相当均匀的发光强度分布。而 LED 烛台灯形成的枝状吊灯，由于缺少全向照明特性，只能作为装饰件，对于环境照明并不是非常有效。这些灯具的光分布无法以良好的均匀性覆盖非常大的区域，但如果它们主要用作装饰是能够令人满意的。

⊖   1ft = 0.3048m。

5.2.2   住宅和商业应用中的射灯

射灯由于其安置特征而区别于大多数环境照明。射灯通常安装在天花板上，根据不同的照明应用和空间维度，用于提供部分或整体环境照明。由于射灯只向下方区域照明，其光通量分布只需要覆盖灯具的下半球区域。例如，在天花板下创建必要的照明，涉及如何控制该区域内的光分布。传统的射灯是使用白炽灯或荧光灯的灯具，灯或是完全嵌入在一个腔体内，或是有部分突出。图 5.3 和图 5.4 显示了用带反射膜的白炽灯照亮艺术品或营造使人显得漂亮的区域。

图 5.3   电梯里使用白炽灯的嵌入式射灯。这些低 CCT 和高 CRI 的暖光
有助于为在商业大厦里使用电梯的人们营造一种愉悦的视觉体验

相比目前的 LED 同类产品，白炽灯和荧光灯从更大的表面积产生足够的发光强度，从而使得它们能够将发光强度分布（LID）从灯表面散播到更远的距离。因此，只需要较少的白炽灯和荧光灯射灯就可以照亮较大的面积。如果没有适当的二次光学元件，LED 射灯仅能在极窄的一个区域内产生可观的 LID。如图 5.5 所示，市场上出售的许多灯具，是在平板上安装 LED 阵列构成的。当以这样的排列方式扩展为更大的灯具就可产生矩形拼接，允许在一个更大的区域扩大光分布。

然而，这并不能有效地做到在更宽的角度范围内均匀散播 LID（即从这些大型面板灯具发出的光在很大程度上仍然保持方向性）。这种来自平板光源的 LID 不利于照明三维（3D）立体物体，将不能满足很多挑剔讲究的用户提出的标准，包括艺术家和摄影师。对于办公环境，结合日光或其他能提供多方向近均匀照明的光源，Zenaro 照明公司生产的灯具或许有效，如图 5.6 所示。

图 5.4　天花板上突起的嵌入式射灯倾射光线照射艺术品。这些使用白炽灯的灯具以赏心悦目的方式帮助强调画作和艺术品的色彩和深浅层次

图 5.5　一款市售 15W、QL‑150 型 LED 射灯。它是在一块平板上集成了 15 个分立的 LED 模组。缺少合适的二次光学元件，将不能产生宽角度、均匀的光通量分布

[图片由恒星照明有限公司（中国深圳）提供]

5.2.3　工业环境的大型空间照明

发达国家和发展中国家，将全球总能源消耗的几分之一及全球照明总能耗的主要部分，用于工业环境照明。照明的工业应用包括工厂、仓库、大型零售商店、医院和许多其他场所的照明。许多这类建筑物通常有超过 25ft 高、面积相当大的天花板。直管荧光灯（LFL）广泛用于此类应用，因为其各种长度和直径的灯管易于制造，可以使光从极高的天花板分布到很大的空间内。LFL 的长度和直径可根据照明

图 5.6　在这张照片中，Zenaro 照明公司提供了用于写字楼照明的嵌入式 LED 面板灯
以及其他种类的灯具。LED 灯具能够根据变化的日光进行调节，可以有效地与
日光结合使用（图片来自 www.zenarolighting.com）

空间尺寸的要求进行选择。图 5.7 显示的是放置在一幢高层商业大厦天花板附近的
两个 10ft 的 T12 灯，它们仍被用于天花板高达 25～35ft 的大型工厂和零售商店中。

这些 LFL 灯具包括镇流器和外壳，前者提供电力，后者带有反射器，能够有
效地向下反射光源的光，从而在下半球的大部分相当均匀地分布发光强度。在许多
工厂、仓库和商店，大部分的灯具必须保持在天花板的高度，因为高大的运输车在
调度时需要留足够的空间通过。在一些不需要考虑这些限制的建筑中，例如体育
馆，可用吊装灯具（见图 5.8 和图 5.9）通过减少一定高度以上的照明，来降低整
体光通量需求。

图 5.7　在一幢天花板高度超过 25ft 的高层商业大厦中，两个 10ft 的 T12 灯管被安装在靠
近天花板的位置。无论是背靠天花板还是悬吊安装，当它们组成阵列就可以在
一个非常大的面积上产生巨大的光通量

图 5.8　在体育馆（新泽西州林克罗夫特的布鲁克达尔社区大学）通行繁忙区域安装的
悬吊式 LFL 灯具。这样使用灯具可以为用户有效提供所需照明，而不必把灯安装在天花板上

图 5.9　某体育馆的专用区（新泽西州林克罗夫特的布鲁克达尔社区大学），相比其他部分的竞技区，
在这里人们更倾向于与他人互动，因此适合更人性化的照明。灯具采用了温暖的低色温紧凑型荧光灯

5.2.4　提供可视度的户外照明

　　户外照明的细分市场是整个照明行业的重要组成部分，预计在全世界的许多地方其份额都将进一步扩大。户外照明包括街道、停车场、加油站和道路照明等。目前，由于其相较其他传统光源有更高的光效，高强度放电（HID）灯，如金属卤化物（MH）灯和高压钠（HPS）灯等被广泛用于室外照明。现在，许多制造企业正

寻求用 LED 的替换灯具。他们意识到，LED 灯可以在能效和显色指数（CRI）上胜过金属卤化物灯和高压钠灯，同时提供相当的光通量、更长的寿命，而且启动更快。然而，就像在介绍前面其他应用时所讨论的，要提供所需的表面照度，均匀和广角度的光通量分布将是 LED 替换灯所面临的性能挑战。

　　由于许多户外灯需要长时间使用，其能源效率和有效性（取决于优先的方向性）是户外照明的优先需求。其他因素还包括耐久性、安全性、颜色质量、光分布、光通量维持率、寿命、眩光和成本。尽管高压钠灯的 CRI 额定值低至 22，但在单位能耗下能在宽大区域内提供令人满意的平均照度水平，因此，仍然是许多大型停车场的照明首选。图 5.10 是一个用高杆高压钠灯进行照明的大停车场。在比较注重 CRI 的场所则采用金属卤化物灯，比如，高端商场的停车场、汽车经销商的展厅等。

图 5.10　新泽西州林克罗夫特的布鲁克达尔社区大学校园内，用于停车场照明的高杆高压钠灯

　　因为行人步行道往往比停车场面积更小，所以 LED 灯具非常适用。图 5.11 是一个用于步行道照明的户外灯，由近 50 个独立的 LED 模组按照非矩形的阵列图案排列而成。

5.2.5　受限表面的超高亮度照明

　　有一些应用需要灯的亮度远高于大多数类型的灯。这些高亮度灯用于汽车前大灯和各种投影应用。多数灯的亮度限制在数百尼特（nit）$^{\ominus}$，而汽车大灯和投影灯则需要数万尼特。汽车大灯，更准确地说，前照灯，是为夜间或恶劣天气条件下提供前方远程能见度而附加到车辆前方的灯具。汽车前照灯有两个白光光源提供远光和近光。远光，也称为"主光"，在前方产生非常明亮对称的光分布，从而在很长

　　$\ominus$　$1\,nit = 1\,cd/m^2$。

图 5.11　新泽西州林克罗夫特的布鲁克达尔社区大学校园内，为行人区
提供户外照明的杆灯，LED 灯安装在杆的顶部

的视觉距离上提供可见度；但这种亮度会使路上的其他司机感觉眩目，因此只适用
于在没有其他车辆时使用。近光提供足够的前方及侧方照明，并限制了朝向对面驾
驶员的光照及眩光量。设计近光灯的目的是产生一个非对称的光分布，使光束优先
向下照射，且右转时偏向右方，左转时偏向左方。

　　目前，大多数汽车前照灯使用灯丝灯（钨灯、卤素灯或其组合）或 HID 灯作
为远光灯和近光灯，少数豪华车则主要使用 LED 灯作为近光灯[101-103]。2009 年的
凯迪拉克凯雷德白金版是美国市场第一种采用全 LED 前照灯的汽车[104]。图 5.12
和图 5.13 是欧司朗公司为奥迪 A8 汽车制造的 LED 前照灯。

图 5.12　奥迪 A8 汽车的前照灯采用的是欧司朗喜万年公司
制造的 LED 前照灯（图片由欧司朗公司提供）

虽然 LED 灯可以达到比卤素灯高得多的亮度，但也只能在一个小得多的区域内做到。为了产生足够的光通量并保持亮度水平，将多个这样的高亮度芯片靠在一起，此时会面临非常困难的热管理问题。此外，LED 模组累积的热量以及驱动部件的高热，加重了这个问题，这将使前照灯的光输出性能随时间降低。因此，图 5.13 中的 LED 前照灯的使用寿命只有 7000h，明显低于大多数 LED 球泡灯。

尽管 LED 前照灯技术尚在寻求改进，LED 灯的应用已经渗透到汽车市场的停车灯、制动灯、转向信号灯和日间行车灯等各领域。这些应用面临的设计挑战，比前照灯所遇到的大大减少，并能够发挥诸如低功耗、耐久性和包装灵活性等优势。

图 5.13　欧司朗公司所产奥迪 A8 汽车用 LED 前照灯的内部电路板。
该前照灯额定寿命为 7000h（图片由欧司朗公司提供）

5.3　适合照明应用的设计

照明设计师通过利用前述很多基本的灯和灯具特点，提出所需空间上的照明方案。他们经常与建筑师、施工人员和电工一起工作，共同实施照明方案，这项工作需包含在指定地点安装电源插座的规划、能耗和功率预算。随着 LED 替换灯和灯具进入市场，照明设计师将开始调查它们的产品性能是否比得上当前的标准产品，或者是否有利于为某个特定应用提供合适的照明。

尽管上述做法在商业和工业应用中司空见惯，大多数标准的家庭住宅是按照目前的标准——仅有一些基本的插座布置——而建立的，而且居民通常会自己布置自家的环境照明。无论是商业还是住宅的消费者，出于对健康、端到端的节省考量、审美价值和其他将随时间而展现的因素的考虑，对低能效灯的逐步淘汰从长远看是否会取得成功，目前还不清楚。然而，有一件事是显而易见的：每个人或每个场所对某个特定应用使用最合适的节能灯将会节省大量的能源和资源，而能源和资源在人均基础上已经普遍显著降低。这样的措施反过来将为所有人创造一个更清洁和更可持续的环境。所以问题就是，鉴于不同的选择和情况，如何学习选择最合适的照明灯？退一步讲，生产厂家如何以低廉的成本为各种应用生产最节能而且功能良好的灯？

制造商为了成功地生产 LED 替换灯，他们必须同时关注三个关键参数：颜色、亮度和光通量空间分布。寻找稳健的、通过上述参数的合适的设计优化过程而创建的工程解决方案，将会为上一节所讨论的五种典型的照明应用，指明设计优质可靠的 LED 灯和灯具的途径。下面阐述这三个参数的重要性。

5.3.1　照明质量因子

判断照明质量是复杂的，因为它需要时间和经验。判断自发光电子显示器和电子信号的质量更容易，部分原因是我们直接观察它们而它们的功能不包括照明其他对象。相比之下，灯和灯具照亮包括人在内的其他物体，最好的情况是所有被照亮的物体如同在日光下一样自然呈现。颜色、亮度和空间分布是形成照明质量的主要方面，而所有这些都被相当完美地自然嵌入在日光中。

5.3.1.1　颜色

光的颜色特性得到最广泛的认可，这可以归因于在过去一个世纪许多颜色科学家的宝贵工作。这些属性对于大多数光源来说定义完善。在第 4 章，我们已经看到这些特性被描述为 CRI、CCT（相关色温）、色坐标和光谱功率分布。目前，CRI 和 CCT 的评级供广大零售灯具使用。

作为正式推荐，提供高质量照明的灯具拥有高 CRI 和在 2700 ~ 5000K 范围内的 CCT 值，具体数值取决于具体应用。一般来说，温暖的 CCT（较低值）是轻松氛围的首选，而清冷的 CCT（较高值）适合办公和工作环境。

5.3.1.2　明亮度

明亮度常常被误解。对于一般的照明或显示，更明亮并不总是意味着更好，不应当视明亮度为一个品质指标，除非是指定的应用要求。明亮度，或者更学术地讲，亮度，是光源的固有特性。对于一般照明，光源亮度从来没有规定额定值，也几乎从来没有被照明设计师描述过。相反，对于感兴趣的表面，他们通常测量照度（lm/m^2 或等效单位），可以直接描述为平面光密度。然而，由于 LED 照明产品正向市场渗透且亮度通常继续被误用和误解，对光源亮度的评级将会谨慎地开始，或者至少提供一个最大额定值，确保亮度参数不超过某个值。相比于一般照明，信号标志和显示行业更多指定亮度值而更少指定照度值。正如前面几章所讨论的，这些量是相互依存的。

尽管观者并不直接去观看光源，但如果正好在常规位置能够看到光源，则不应当显得过亮。过亮不仅会扭曲观众的视觉，而且可能会损伤他们的眼睛，如果观看持续时间长，这种损伤有时候是永久的。例如，对于设备外壳内的投影仪光源就不应长时间直视，汽车前照灯也是如此。偶然看一下通常是没关系的，因为突遇非常亮的光源时，我们的眼睛会迅速闭合。

那么，什么是过度明亮？尽管不够明确，照明产业有涉及眩光的隐性标准，大多数设计师都知道何时光源太亮或者不够亮。额定亮度的要求取决于光源距离典型观察者多远，以及对环境亮度水平的典型预期是多少。射灯通常放在或接近于普通房间天花板的位置，可能距离观众的眼平面只有大约 10ft。由于大多数这样的灯和灯具可能会一整天在室内使用或者只在夜间的室外使用，环境照明水平通常在低中水平。因此，这些灯具的亮度或明亮度水平应该在 200～330cd/m² 范围内，以使观察者舒适。

5.3.1.3　分布

不同于颜色特性，一个照明环境的光通量空间分布（spatial flux distribution，SFD）特性通常不能很好地被大多数人认识和了解。艺术家、摄影师和电影制作者可以更好地判断光在空间中的分布是如何改善照明的。正如我们在第 4 章中所看到的，通过多角度光度特性进行描述的量化是费力而且昂贵的，大多数照明设计师不进行这些测量；相反，必要时他们利用现有灯类别的已知数据。因为白炽灯和荧光灯已经使用了很长时间，所以它们的设计是相当优化完善的，可用的光分布数据资料通常满足大部分照明设计的要求。然而，LED 照明技术是新技术，大量的 LED 灯设计缺乏标准配置。此外，很多时候，LED 灯的光分布明显不同于现在所用的灯。因此，多角度光度测量是设计实现具有理想 SFD 的 LED 灯的关键。我们将在第 6 章和第 7 章进一步探讨和评价 SFD 和 LID 测量的重要性。

5.3.2　一般照明用 LED 灯的设计思考

对于 5.2 节所描述的五种照明应用来说，成功的照明灯设计需要实现颜色、亮度和空间光通量分布方面的必要性能。对于 LED 灯，颜色的要求，可以通过荧光粉的适当选择，或多个近单色 LED 芯片的颜色混合实现。要满足亮度和光分布的要求，则需要针对每个应用进行专门的光学设计。但是对于所有五种应用，LED 灯设计师面临着相同的、关于这些参数的基本挑战。这源于一个事实，即今天的基本 LED 灯珠并不适合于全向或者仅是广域照明有两个主要原因：单个 LED 芯片的尺寸太小且平坦，导致非常定向和集中的光分布。

利用多个分立的 LED 灯珠排成阵列扩展到所要的尺寸和形状仍然存在困难，原因有两个：①离散的 LED 阵列在灯表面产生不连续或不均匀的照明图样，可导致更大空间尺度上极不均匀的照明；②LED 灯及灯具产生的热量必须采用某些与光源集成的热硬件进行管理，这限制了 LED 在内部封装的密度以及它们是否易于安装在不同朝向的多个表面上。白炽灯和荧光灯发光来自连续和不平坦的表面，引导光通量相当均匀地分布在更大的角度范围上。此外，由于这些灯可以通过对流和辐射自然散热，尽管它们比 LED 产生更多的整体热量，也不需要额外的硬件进行热管理。

现在来简要讨论五种典型照明应用中的特殊光学设计要求。

5.3.2.1　环境照明设计要素

理想情况下，优先考虑的将会是，使照明灯的 LID 在从 $0 \sim 4\pi$（sr）的整个立体角范围内产生均匀的环境照明，且在指定区域达到必要的 SFD 强度。然而，由于实际的原因，很难制造这样的理想灯。照明设计师发现，如果环境灯能够至少在 0（sr）$< \Omega < 3.67\pi$（sr）的范围内产生 LID，就非常有用。这基本上意味着当环境灯不能在一个球体的整个立体角范围内发光时，它至少在整个球体的大部分立体角内发光——即从整个球体 $[4\pi$（sr）$]$ 的顶部或底部减去一个小立体角，比如，大约 $30°$ 或 $\pi/3$（sr）的锥角。

标准的白炽灯和 CFL 非常有助于产生这样的 LID 性能。由于白炽灯的灯丝可以放置在足够远离电子基座的位置避免了光辐射被其阻挡，白炽灯 LID 的覆盖范围比 CFL 更广，几乎达到 4π（sr）。为了使 LED 灯在宽立体角范围内都有光通量分布，一些制造商通常将 LED 芯片放置在不同斜度的表面上。图 5.14 给出了一个这样的环境 LED 灯。即使采用这样的结构，目前的 LED 替换灯的 LID 也没有达到相应白炽灯或 CFL 的覆盖角度范围，它们的 LID 强度和均匀度也不如原有的环境灯。

当要求具有更高的亮度、更多光通量和更远的传播距离时，环境照明用 LED 灯面临着更为严重的问题。对于今天大多数的 LED 灯来说，这种需求的提升将带来更大的不均匀性和更明显的眩光。参数要求的提升需求取决于具体应用，如房间大小（即平米数）和天花板高度。还取决于期望人们会在哪里聚集或需要一定可视度的观察对象在哪里？例如，在餐厅或咖啡馆的就餐区，主要的照明需求就是每张餐桌。因此，和大多数一般空间照明应用相比，这需要有选择性的区域照明。

图 5.14　Switch 照明公司出品的 60W LED 灯。分立的 HB – LED 模组以一定间距安装在不同斜度的表面上。和通常的白炽灯和荧光灯相比，预计这种环境灯的 LID 特性在大角度 LID 方面仍不足
（照片由 Switch 照明公司提供）

如前所述，由于各种各样的物体以及食物、服装和面色等观察对象对于颜色再现的严格要求，多数环境照明灯要求高的 CRI 和暖的 CCT。因此，建立高品质照明具有相当大的意义，特别是对于一些选择性应用。所有这类应用中要求最苛刻的似乎是艺术博物馆。在那里，艺术家和馆长能敏锐地感受到更高品质的照明来自白

炽灯。这些灯不仅具有理想的显色性和所要求的低色温，而且它们的光分布真正适合于表现那些优美画作的色彩和三维视觉效果。奥尔特宫博物馆的彼得·奥斯（Peter Orth）对此回应说："没有灯泡（即白炽灯），这幅画仍然有它的颜色，但是房间其余部分的灰色调使之黯然失色。灯光有助于将绘画中的某些元素按照艺术家或画廊设计者的意图显示出来"[96]。

2009 年的 9 月 1 日，当欧盟发起针对未来 100W 以上白炽灯泡的销售禁令，艺术家和博物馆主表达了明显的失望，并称更换节能灯会损害艺术观赏和创作的方式[96]。在环境照明方面，LED 灯面临着如何产生广角、均匀光通量空间分布的挑战；除此之外，如果还要求高的 CRI 和暖的 CCT，设计工作将面临更大的挑战。

5.3.2.2　射灯照明设计要素

目前，LED 灯在射灯的应用上相对现有同类产品有几个优势——特别是从相对小的高度产生相对较小区域的照明时。因此，它们是局部和重点照明的优秀竞争者。特别是，小的 LED 射灯已广泛用于橱柜照明。图 5.15 是一些用于厨房橱柜照明的 LED 射灯。

图 5.15　用于提供厨房橱柜照明的 LED 射灯。当工作距离和照明空间都较小时，这样的 LED 灯阵列产生的照明很有效

LED 射灯的设计要比环境灯容易得多，部分原因在于它们只需要在 0 到 2π（sr）而不是 4π（sr）立体角范围的半球形区域内发射光通量。此外，相比环境照明或其他照明应用，射灯通常只对有限区域提供照明，这对 LED 技术是有利的。相比之下，白炽灯和荧光灯则需要合适的灯具来产生有限区域内的 SFD。美国能源部测试项目（CALiPER，第 3~8 轮）已经发现，在总光通量输出和效率上，一些 LED 射灯要胜过同样作为射灯的 45~65W 的反射式白炽灯，还有一个 LED 灯超越了相应的典型 CFL[105]。

然而，随着光源高度的增加，LED 灯和灯具设计师面临类似的尺寸扩展的挑战，如同上一节环境照明中所描述的：不足够的 LID 强度、均匀性和覆盖角度。例如，在演讲厅和教室里有高高的天花板和宽敞的建筑面积，要在很多桌面上提供必需的照度水平，目前技术下的 LED 射灯将面临极大的挑战。对于这些应用，目前比较适合和经济的做法是，使用吸顶式直管荧光灯（LFL）或在有抛物面反射罩的吊装灯具里安装超大尺寸 CFL。

5.3.2.3　大空间照明设计要素

使用 LED 灯具技术实现大空间、任务导向的照明非常困难，因为所需的扩展量要远远大于普通环境或射灯应用的要求。由于每个灯具需要产生数千甚至数万流明并且必须均匀分布在 2π（sr）的立体角内，这种情况下，LED 灯在增加 LID 强度、均匀性、覆盖角度方面遇到的问题更大。不同尺寸的 LFL 能够通过在灯具里安装反射器实现这些要求。图 5.16 是一个用于办公楼的小型 T8 灯管阵列，办公楼的天花板高度约 10ft。必要时，这些灯具可以进行重复排列以照明在类似天花板高度的一般办公楼的所需面积。

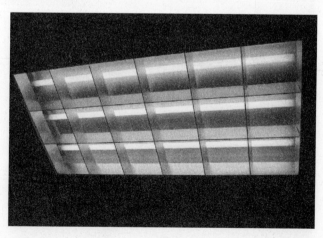

图 5.16　灯具中的三支 T8 灯管为天花板高度约 10ft 的普通办公空间提供了有效照明

对于更高的天花板，则使用 T8 或 T12 灯管，尽管 T5 更节能。可以看到，在 SSL 灯具中也是这种情况，当要求照明更大的空间时，能源效率并没有相应提高。

回到 5.2.3 节的图 5.7，它给出了一幢采用 T12 灯管照明、天花板高度超过 25ft 的商业大厦。那么，为什么在过去 10 年恰逢 T5 灯管技术高速发展时期建立的大型仓库、工厂、商店没有转而采用 T5 灯管呢？答案是，使用 T12 灯管的灯具产生相当高的 LID 强度及更大空间范围的均匀性，因而更适合于具有较高天花板的建筑物。

由小型、分立、定向、平面发光管构成，并且缺乏适当二次光学元件的 LED 灯具导致三个主要问题：①较低的 LID 强度；②局限于小角度范围的 LID；③大型阵列 LED 灯具呈现明显的亮度不均匀。如果尺寸扩展达不到与 LFL 相匹敌的 LID 特性以解决所有这三类问题，LED 灯具不大可能成为成功的替代者。

5.3.2.4　户外照明设计要素

相比本章前面部分所讨论的环境照明和大空间照明应用，今天的 LED 技术其实更适合某些户外功能。户外 LED 灯具最适合诸如狭窄人行道、私家车道、园林照明这样在小区域和小立体角范围内要求光照充足的照明应用。由于本章前面所讨论过的原因，LED 灯具还不是主要户外照明应用的最佳选择，包括大型停车场、高速公路和主干道照明。相比室内应用，LED 户外灯具也面临更大的温湿度变化，以及更恶劣的天气条件。

户外灯具设计师总结了几种解决某些功能的一般要素。包括朝下的灯具效率和非对称方向性，如沿着"街侧"和"房侧"向下的光通量——分别对应于前向光和背向光。也有针对目标区域水平和垂直平面的不同照度水平要求。对 LED 照明工程师来说，一个良好的设计过程将会是，使用适当的软件工具设计所需的参数，并用实际现场测量来验证。这将使灯具光度测量转化为实践应用，并为照明行业建立有用的户外 LED 灯具光度测量报告。

对于满足道路照明要求，许多商业 LED 灯具仍然处于早期阶段。虽然今天在市场上一些 LED 灯能够装入现有的路灯灯具，但是它们大多只是作为装饰灯。图 5.17 是一张老式路灯杆的照片，欧司朗公司提供的 LED 灯具模块可以轻松地安装到该路灯灯座中，尽管它最初是为 HID 灯设计建造的[106]。这种灯具模组由数个大散热片构成，如图 5.18 所示。这种在平面上的安装独立 LED 模组的结构将无法产生 HID 灯所提供的道路照明，后者具有出众的环境光分布特性。但是，作为一种装饰灯具，图 5.18 中的设计将可以产生不错的突出感和氛围，使得对历史性街灯高性价比的翻修成为可能。

在过去几年中，许多厂商已经推出户外道路和停车场用的 LED 替换灯。一些评估报告说，在某些情况下，LED 灯相当于或优于现有的户外路灯[107,108]。由公认的独立照明实验室进行的进一步详细测试表明，很可能这样的结果没有包含眩光因素。而且，LED 替换灯在照度均匀性方面的表现仍逊于 HID 路灯。此外，过时的荧光技术和设计仍然被用于户外高压钠（HPS）灯和金属卤化物（MH）灯，使它们处于不公平的劣势。然而，改进以前的设计可能需要增加 HID 灯的表面尺寸，这可能使它们由于破损和水银溢出的概率增加而变得更加危险。而这正是 LED 灯

图 5.17　传统上使用 HID 灯照明的旧式杆灯。现在市场上可以买到的，
例如欧司朗公司生产的 LED 翻新灯具可以用于装饰照明（图片由欧司朗公司提供）

优势所在，因为它们坚固耐用、适于户外使用，并且不含汞。

5.3.2.5　超亮聚光照明设计要素

　　考虑到 LED 天生就满足定向的要求，设计高亮度 LED 聚光灯原理上讲是很有趣的。该类别的一种实用灯是很受欢迎的 LED 手电筒；普及度在增加的还有投影仪和潜水用灯。然而，当需要照明的面积较大、要求的亮度又很高时，如汽车前照灯，问题就很复杂。

　　单独地，LED 芯片能够产生很高的亮度水平，特别是从非常小的面积。一般来说，面积越小，单一发光管能够产生的亮度就越高。但是，当设计师需要将高亮度光源拼成大面积时，挑战就出现了。这样的扩展只有在多个芯片紧密排列时才是

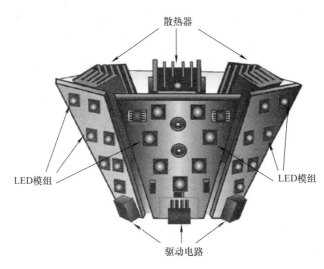

图 5.18　一个 LED 灯具设计的示意图，该设计类似于图 5.17 中欧司朗公司提供的可安装于老式街灯灯壳里的灯。这种构造可以作为装饰灯，但不能提供如传统 HID 灯一样的道路照明

可能的，就像图 5.13 中奥迪 A8 汽车前大灯所示的那样。整个前大照灯包括远光和近光需要的高亮度以及高光通量输出。当几个高亮度 LED 芯片非常密集地封装在一起，以产生必需的光通量同时保持亮度水平时，热管理设计不可避免。目前 LED 前大灯的预期寿命只有数千小时，并未显著高于卤素灯。事实上，在汽车产业要普及 LED 前照灯，仍有必要进一步创新和技术改进。

5.4　LED 灯设计参数和取舍

在本章的前面部分，我们已经看到，相比当前 LED 灯能够提供的水平，大尺寸光源能够更有效地为五种常见的照明应用在更大的角度范围内提供一定水平的光通量、光通量密度或发光强度。一般情况下，大多数照明技术会面临在颜色特性及发光效率和增加光通量及光通量密度的要求之间进行取舍。发光效率和颜色特性之间的取舍在照明行业也很普遍。不仅在比较白炽灯和荧光灯时，这种取舍显而易见，而且在各类白炽灯之间，如标准灯、卤素灯和复古灯中的取舍也无处不在。LED 技术也毫不例外，面对许多这样的取舍。

5.4.1　LED 灯特有的取舍

对于大规模照明应用，LED 由于尺寸小、平面发光而且温度敏感而面临额外的障碍。随着二次光学的技术进步，LED 灯可以设计适当的 LID 分布以满足许多大规模应用的要求。然而，这将不可避免地涉及更复杂的热管理技术。

如第 3 章图 3.9 和图 3.10 中的仿真结果所示，当芯片密度增加到 2 倍时，T_J

随之增加到大约 2 倍，达到 42℃！庆幸的是，在更好的热管理下，T_j 可以显著降低。在第 3 章 9 个 LED 模块的仿真例子中，图 3.11a 和 b 的结果显示，通过把散热片长度从 18mm 增加到 30mm，可以实现 30℃ 的温度降低。因此，很明显，大型的散热片对高光通量和高亮度非常必要。

照明参数间的相互依赖，导致 LED 灯三个主要的取舍关系：

1）高 CRI 和高发光效率；

2）低 CCT 和高发光效率；

3）高光通量和光通量密度或更复杂的热管理（意味着寿命和颜色质量）。

5.4.2 从瞬态数据研究 LED 取舍

现在让我们探讨第 4 章提及的涉及样品 LED - S1 和 LED - S4 的初始瞬态行为的一些实验数据。如果大多数制造过程中，灯的寿命是可靠的，其瞬态特性通常可以为其长期照明性能提供一些良好的指示。在我们样品的瞬态实验中，持续时间为 30min，这是许多半导体器件达到稳态条件的一个典型值；实际时间则取决于每个灯的热管理效力和环境温度。图 5.19 显示了从初始导通点到稳态条件，计算的九模块子系统瞬态温度的上升，九模块子系统的稳态热行为显示于图 3.11b 中。瞬态计算使用 Sauna™ 进行。

LED - S1 和 LED - S4 的总光通量使用 GL OptiSphere 1100 测量（见第 4 章图 4.28）以研究 30min 时间段内的瞬态行为。灯在 $t = 0$ 时开启。图 5.20 给出了这些数据曲线。

在图 5.20 中，人们可以看到，从开启时刻起的 30min 内，随着温度的上升，两个灯的光通量减少。样品的温度升高预计将遵循有点儿类似于图 5.19 九模块 LED 子系统的趋势。这个预测特别适合 LED - S4，在其平整表面上有发光管阵列，适合使用翅片长度不超过 30mm 的散热片（见图 4.16）。非常令人鼓舞的是，对于 LED - S4，光通量的最大跌幅百分比发生在整个瞬态期的前 12min 内，图 5.19 的仿真结果也再次验证说明在最初的 12min 内达到了稳态条件！

在 LED - S1（见第 4 章图 4.15）的例子中，瞬态期的衰减量为 5.76%，而 LED - S4 的衰减量为 8.12%（见第 4 章图 4.16）。LED - S1 更复杂的散热片使得瞬态期内的光通量衰减更低。在更长的持续时间以及它们重合的寿命期间内，两样品间可比较的趋势很可能是类似的。

LED - S1 色坐标测试数据 (x, y) 在图 5.21 中截取的 CIE 色品图中给出，其中数据点附近被局部放大以便更有效地观察变化情况。

在图 5.21 中，在工作初始的 30min 内，LED - S1 的颜色变化不很明显。观察到 LED - S4 的颜色变化比 LED - S1 更少。虽然这些新灯在前 30min 表现良好，但是一般来说，热管理不好的话，LED 灯的性能会随使用时间的延长而劣化。

缺乏细致热管理设计的 LED - S4，虽然在室温下具有良好的光学性能，但是

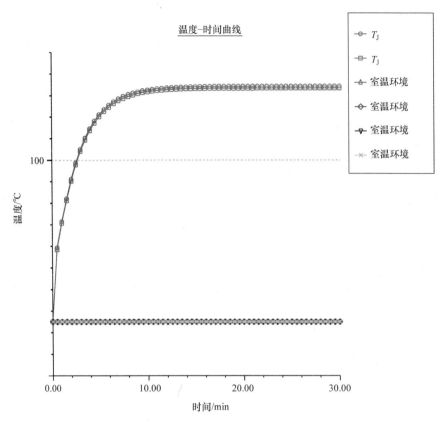

图 5.19　九模块子系统的瞬态计算曲线（见第 3 章图 3.11b）显示了中心模块（圆形图标）、所有边缘模块（方块图标）的 T_J 温度，以及围绕 25℃恒温的中心子系统的四个不同位置的环境室温（其他符号）的上升。曲线显示在 12min 内达到了稳态条件。计算是用 Sauna[TM] 软件完成的

预计性能会随升温而下降。然而，通常情况下对于任务灯，这并不是关注的重点，因为预计任务灯每天只用几个小时，而且是在室温受控的桌面上。

　　大型 LED 灯和灯具，特别是那些可用于室外照明的、需要精心设计的散热器进行热管理。图 5.18 中的示意图显示了灯具各个朝向都有相当大的散热片，类似于在欧司朗公司生产的户外 LED 装饰灯具中看到的那样[106]。这种灯具设计表明，散热器的空间要求以及驱动电路，就限制了单个 LED 模组的密度和类型。如图 5.18 所示，被动散热器的空间要求大于使用压缩空气、水或电子冷却的主动散热器。相比之下，如图 5.14 所示，由 Switch 照明公司制造的 LED 灯，采用被动液体冷却，允许在一个相当小的圆周内排列许多独立的大功率模组。

　　基于所用 LED 灯珠的数量、驱动要求、灯具外壳的物理特性，以及其他各种因素，每个解决特定应用问题的 LED 灯具设计都会遇到独特的热挑战。设计师可

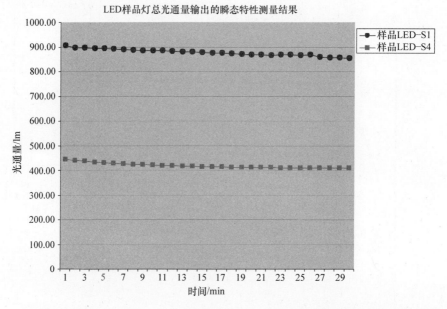

图 5.20 使用 GL Optic 公司生产的积分球 GL OptiSphere 1100 测量 LED – S1 和
LED – S4 的瞬态光通量特性。数据由 GL Optic 公司的工程师提供

以了解一些标准的热管理技术，以达到所需的 LED 结温；或者他们可以基于参量
法利用一些合适的热模拟软件估算结温。实验和仿真的有效结合将最终提供成功的
设计。

5.4.3　LED 技术改进路线图

当前 SSL 灯和灯具都使用 LED 阵列，这必然产生来自小灯托的聚集光，使相
邻 LED 的光通量在远离灯或灯具的表面和区域无法有效重叠或聚集。这种在白炽
灯和荧光灯中成功运用的光通量聚集方法，被用于提高照度，尤其是远离光源处的
照度。但今天大多数 LED 灯还缺乏这样的能力，尽管具有比原有同类产品更高的
单位亮度和单位发光效率，但在远距离和大范围的光照能力不足。如果光照平面位
于距离光源几英尺处，而且只关注有限的定向照明，目前的 LED 灯不仅令人满意，
普遍超过白炽灯的表现，而且有时甚至优于同类 CFL 产品。

随着 LED 灯和灯具在户外照明、射灯和一般的或环境空间照明等应用领域的
激增，对开发者来说重要的是，要关注能够恰当处理亮度和光分布要求的设计。只
有当人工光源产生的照明同时达到高 CRI、适当的 CCT、亮度和光分布等诸多特性
要求时，才能实现高质量照明。这些特性帮助观察者自然而舒适地感知物体和
颜色。

高品质照明的 LED 解决方案并不简单，部分原因是改造现有的设计可能不利
于灯具的热管理。要解决这些相互矛盾的问题，其解决方案至少在最初会大幅增加

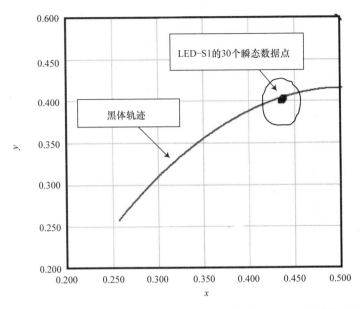

图 5.21　CIE 1931 色品图上，用（x，y）色品坐标表示的 LED – S1 样品的瞬态颜色
变化测量值。数据由 GL Optic 公司的工程师用 GL OptiSphere 1100
在 30min 的时间段内测得。在此期间，LED 结温通常上升到一个稳定条件

制造成本。虽然不能保证，但是随着技术的成熟，成本将下降。在某些时间段内，它们的成本可能不会降低到足以与其他照明技术竞争，特别是如果其他光源也改进设计以适应特定的应用。然而，改进 LED 产品和解决方案的路径必须包括确定目标应用的基本要求、开发精准的灯和灯具的设计和仿真工具、建立综合的光度和色度瞬态测试能力，并创建类似的照明行业分类和报告（例如使用".IES"格式），就像制造商提供给传统灯和灯具的那样。

第 6 章
LED 照明设计和仿真

6.1　概述

在前一章，我们看到，为了满足通用照明需求，LED 灯必须提供比现有产品角度更大、尺度更宽的照明，尺度之大远超过现有产品的照射能力。通过拼接模组来扩展规模可以适用于信号灯或显示屏，因为这些产品只需要照亮一个距离 LED 不远的平面。但这对于高质量的环境照明，特别是大尺度照明应用是不够的。

为了开发有效的设计和制造工具来构建大发光角，并能提供大体量空间照明的 LED 灯及灯具，重要的初始步骤就是分析标准 LED 模组所产生的光形。因此，6.2 节就从这种简单的数值分析着手。6.3 节研究多个 LED 的发光分布特性，因为单个 LED，比如常用的 SMT（表面贴装技术）模组所产生的光通量通常无法满足通用照明的需要。6.4 节，我们来了解如何扩展、将光分散到更宽的角度。最后，我们来看一些实验结果并分析它们与模拟仿真所获结果的一致性。

6.2　LED 光输出的模拟

在第 2 章和第 3 章，我们已经看到过典型大功率 LED 的物理结构，如图 2.3、图 2.4a 及图 3.2 所示。图中展示了单个 LED 芯片裸装在基底上或封装在表面贴装的器件中。这些都属于目前市场上可以从众多供应商获得的标准的 LED 器件。无论是单芯片还是多芯片，这类 LED 的光通量分布都可以用各种数值方法进行模拟。光线追迹法最适合于这种类型的模拟，因为 LED 有一定大小，不像理想的点发光光源尺寸无限小，也不像平面波在空间无限扩展。

作为一个整体，实际的 LED 常常发射多个波长、有许多二次光学元件以及遮光零件，比如焊接的金线、各种电极线。这些表述实际情况的物理特性最好用能够仿真这些真实差异的光线追迹方法来分析。Zemax 是一款商用软件，最近增加了许多实用的功能，能够有效模拟工业界主要厂商大量提供的封装 LED 光源[109]。我们用 Zemax 模拟简单的标准 5mm T1 – 3/4 封装单发光芯片的 LED。虽然由于散热的原因，T1 – 3/4 并不适用于大功率 LED，但是其封装特性仍可用于对高辐射功率或光通量的发光管进行的光学特性仿真。因此，下面的模拟也适用于其他形式的 LED 封装。

6.2.1　封装后 LED 的照明模拟基础

图 6.1 所示是一个封装后的白光 LED，被放置在球壳形探测器中，探测器收集 LED 芯片发射的所有光线。该模型的结果基于红、绿、蓝（RGB）3 种波长，100 万条分析光线和 200 条显示光线。模拟结果经过了 500 万分析光线和 500 条显示光线验证，即使用较少的分析和显示光线，输出仍具有较好的收敛性。LED 总输出光功率设定为 10mW。

现在，我们来看看探测器的收集情况。探测器输出可以绘制在直角坐标系或者极坐标系中，分别用来表示光的位置分布和角空间分布。两种图对各种分析都有帮助，但我们需要区别对待。它们具有不同的含义，相应地它们在空间或角坐标具有不同单位。我们来看一下探测器所感受到的模拟数据，用于在极坐标系中描述辐射源的方向性。图 6.2 为探测器测得的完整方向特性。

极坐标图中的同心圆表示 0.1 ~ 1.0 范围内归一化的辐射强度，具体数值标注在分割左右半圆的纵轴虚线侧面。峰值辐射强度为 7.85mW/sr，出现在 ±17°。在归一化的图 6.2 中，峰值辐射强度值等于 1.0。

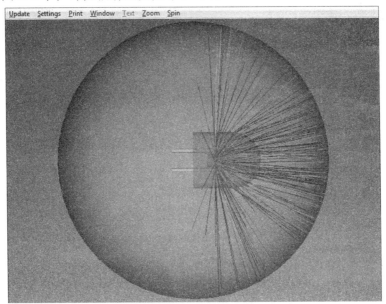

图 6.1　用 Zemax 12 模拟的单芯片，包括电极及连接金线的 LED 封装。
三维阴影示意图表示整个 LED 封装放置在一个球壳形探测器中。LED 光源发射的白光由许多独立的光线组成，每条光线分别代表红、绿或蓝色波长

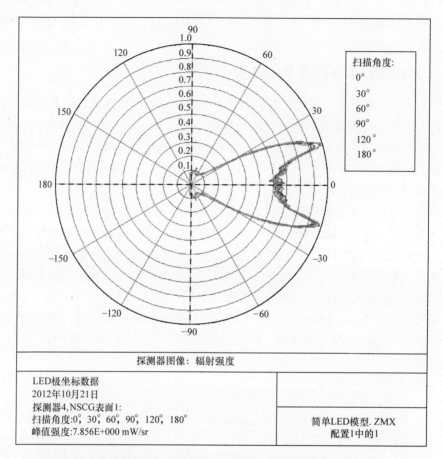

探测器图像：辐射强度

LED极坐标数据
2012年10月21日
探测器4,NSCG表面1:
扫描角度:0°, 30°, 60°, 90°, 120°, 180°
峰值强度:7.856E+000 mW/sr

简单LED模型. ZMX
配置1中的1

图 6.2　图 6.1 中 LED 的发光入射到探测器上所产生辐射强度分布的全方位极坐标图。
从图中可以看出，LED 发光具有较强的方向性，主要辐射光均集中在 −30°~30°范围内。
光源和探测器的中心均对准 0°方向

6.2.2　LED 发光强度在极坐标系中分布的模拟

除配光曲线外，用探测器上的彩图（例如，用灰色阴影）表示的 0°~180°
[2π（sr）] 全角范围发光强度分布也很有用，图中的角度用极坐标系中的同心圆
表示。图 6.3 就是这种分布图。我们看到，和在图 6.2 中观察到的一致，强度峰值
出现在图中大约 17°角的附近（这里，17°角半径同心圆相当于图 6.2 中 ±17°的圆
锥）。和在前面图中所看到的一样，在大于 30°角同心圆之外的区域，强度迅速下
降；在 30°~100°角半径的范围内只有一些微弱的溢出光。大于 100°角的区域，实
际没有光辐射存在。请注意，在角空间中所给出的是单位立体角内的光通量，即发
光强度（cd）。

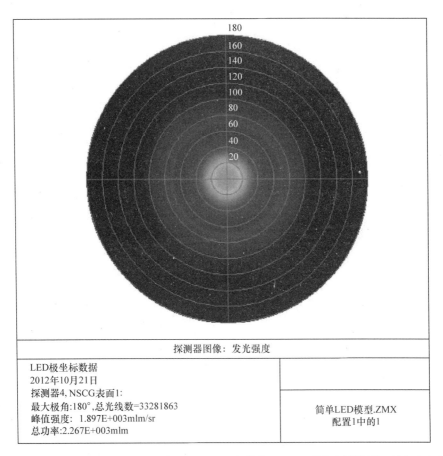

探测器图像：发光强度	
LED极坐标数据 2012年10月21日 探测器4, NSCG表面1: 最大极角:180°,总光线数=33281863 峰值强度：1.897E+003mlm/sr 总功率:2.267E+003mlm	简单LED模型.ZMX 配置1中的1

图 6.3　由图 6.1 中的 LED 灯珠产生的发光强度分布（LID）的探测器图像。该极坐标图
还显示了图 6.1 中从 LED 发射的光的高度方向性，其中大部分辐射
仅限制在 30°半径（即 −30°~30°角范围）内

6.2.3　模拟实际测量的探测器输出

需要指出的是，在前面考察的例子中，光源被置于一个球壳形探测器中。因此，探测器强度的极坐标分布图和一般文献中所给出的典型结果有所不同。一般测试时，探测器放在光源前面，通常有一个平面的入射孔。后者和我们在第 4 章所讨论的 LID（发光强度分布）和 SFD（光通量空间分布）实际实验过程很相似。图 6.4 所示是用一个和 LED 有一定距离的探测器测得的大功率 LED 光源 LID 数据包的极坐标灰级图。数据已经整理为". IES"文件格式。图 6.4 给出了极坐标系中 LED 光源归一化的发光强度，这和我们在一般文献中所看到的相类似。

现在，我们来模拟一下在图 6.4 中给出 LID 的 LED 的全方位配光曲线。图 6.5 是该光源各方向 LID 的平面图。从图中可以看出，LID 主要集中在圆的右半部分，

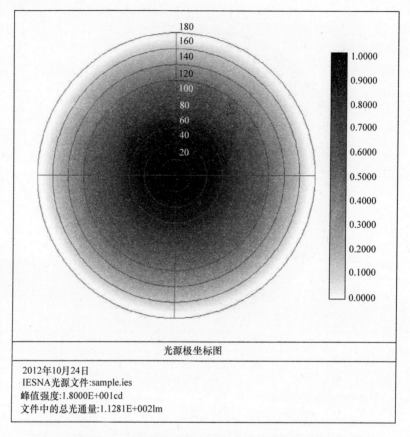

光源极坐标图

2012年10月24日
IESNA光源文件:sample.ies
峰值强度:1.8000E+001cd
文件中的总光通量:1.1281E+002lm

图 6.4　根据 LID 测量值画出的 LED 灯珠归一化 LID，数据存的是
IESNA 规定的 IES 格式。峰值强度 18cd 出现在极坐标系的中心

在 $-90°\sim90°$ 角度范围内。

　　在本节中，我们用了两个不同物理参数的 LED 光源来举例说明。图 6.1～图 6.3 是一种 LED 灯珠，图 6.4 和图 6.5 是另一种。从图 6.2～图 6.5 的 LID 曲线来看，这里所考察的两种 LED 样品都不像预期的理想 LED 芯片一样是严格的朗伯体。这是因为，不同于这里的例子，从单一而且是平面 LED 芯片或称裸片所发出的光未受任何金线焊盘、线或某些二次光学元件的影响；而这些都会挡光或弄乱芯片不同部位发光的分布。在这些模拟示例中，光源的 z 轴位置并未放置到 0，这意味着光源本身并未处于 $x-y$ 初始平面上，这是封装后 LED 在纵轴方向的起始位置。（比如，在图 6.1 中，光源位于 $z=1.6\text{mm}$ 处，在初始平面原点的前面。）由于类似的 z 轴位置偏移，图 6.5 的配光曲线的左半球出现了非零强度。这样的配光曲线可以用下式描述：

$$r = a + b\cos(\theta) \tag{6.1}$$

式中，r、θ 是极坐标；a 是表示 z 轴位置偏移的常数；b 是角分布调制常数［读者可以自己验证，当 $a=0$，$b=1$ 时，式（6.1）就是朗伯体分布]。

　　如果需要，即使存在其他挡光部分，现在的技术也能使实际的大功率封装 LED 产生类似理想朗伯体的光分布，这是因为小面积芯片可以产生非常高的光通量，而金线及其他因素对配光曲线所产生的影响很小，可以忽略不计。

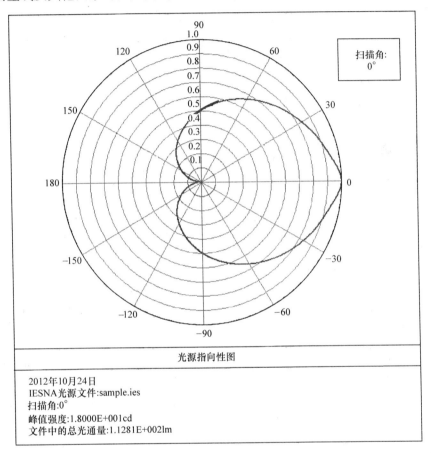

光源指向性图

2012年10月24日
IESNA 光源文件:sample.ies
扫描角:0°
峰值强度:1.8000E+001cd
文件中的总光通量:1.1281E+002lm

图 6.5　归一化的全方向极坐标 LID 图形，所对应的 LED 样品的灰级 LID
如图 6.4 所示。从图中可以看出，当光源和观察者均朝向 0°方向时，发光强度最大
的峰值也出现在 0°。大部分辐射位于 -90°~90°之间的右半球；
由于 LED 芯片的纵向位置不为零，在左半球也有少量辐射

6.2.4　照明设计师用的照度分布仿真

　　最后，我们希望用数值模拟获得一些实际的信息或数据来帮助照明设计师量化光源参数并建立其辐射强度数据和人眼实际感受的光度量之间的关系。对应于在某个真实距离的辐射状况，模拟平面照度分布图就是这类数据的一个例子。这种类型的数据可以给出灯在指定位置的 SFD 特性。图 6.6 是距离 LED 光源 10cm 处，平面

照度分布的计算结果，该 LED 的 LID 测试数据已在图 6.4 中给出。

光源照度图	
LED极坐标数据 2012年10月21日 光源数:1 尺寸1200.00W×1200.000H mm, 像素600W×600H 峰值照度:1.7914E − 001 lm/cm² 总功率:6.8308E+001 lm	简单LED模型.ZMX 配置1中的1

图 6.6　照度模拟结果对应于一个已知 LID 测试数据的 LED，在距离其 10cm 的平面上所产生的光通量分布。各光度量是用 LED 光源光谱的 CIE 1931 三刺激值 *XYZ* 颜色表达式获得的

从测得的光源 LID 数据，可以计算出距光源任意距离其他平面上的照度图数据。通常，对于有限和实际的距离需要计算照度图数据；大多无须计算对应的远场分布图数据。因此，与简单而且理想化的远场计算相比，更接近实际的光线追迹模拟更加有用。

6.3　将光分布扩展到大空间

在 6.2 节，我们已经看到，标准 LED 所产生的光分布相对集中，基本存在于 2π（sr）空间内，如图 6.2 和图 6.5 的全方向配光曲线所示。6.2 节的例子还显示，单个 LED 器件只有非常有限的光功率，即使大功率 LED，一般也只有 100lm 量级。因此，为了在距 LED 光源实用距离的大面积上产生足够的光通量密度，需要许多 LED 的组合。

显然，对于照明应用，需要多个 LED 组合来扩展光分布。但这并不意味着只是简单地将它们互不关联地拼在一起就可以满足高质量的通用照明应用。我们需要研究数个 LED 组成的平面阵列所产生的光分布特性。为了获得基本的理解，我们先来比较单个大功率 LED 的模拟输出和在一个平面上有一定间距的 2 个 LED 所产生的光输出。本节所展示的所有结果都是用 Zemax 12 计算的。

6.3.1　单和双 LED 仿真

图 6.7a 和 b 分别是 1 个和 2 个典型大功率 LED 光源的示意图，所发出的光线被距离光源 5mm、面积为 30mm×30mm 的探测器所接收。单个 LED 光源所发出的光功率被设定为 100lm。这里的数值使用的是从 IES（照明工程学会）数据库中找的一个当下典型大功率 LED 的 LID 测量数据。

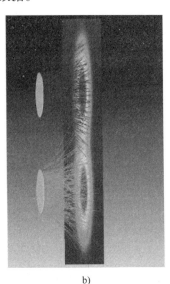

a)　　　　　　　　　　　　　b)

图 6.7　光线被距离 5mm、30mm×30mm 的探测器接收的三维示意图。
a）单个大功率 LED 光源；b）两个大功率 LED 光源。每个 LED 的光通量是 100lm

对于图 6.7a 和 b 所示的配置，我们可以分析出多种光输出结果。在上一节中，我们已经观察了角空间中的 LID 输出。现在，我们来了解在探测器平面上的光输出在位置空间的分布、分析其空间通量分布，这样我们就可以获得人眼平均的照明感受。探测器平面上的光功率分布可以被看成是非相干照度。后者并不是说光源亮度特性在探测器的位置发生变化，应该看作是光源在探测器平面所产生的亮度分布。如果我们将探测器看作光源，能够将接收到的入射光发射出去，这个亮度分布就是其本征特性。请记住，我们分别在图 6.7 和图 6.8a 及 b 给出了两种探测器平面处位置空间的亮度输出结果。

在 5mm 距离处，从两个 LED 发出的辐射仍旧保持在各 LED 自身的前面，形成一个由两个清晰的朗伯输出组合而成的图案。30mm × 30mm 探测器收集到两个 LED 光源 99.5% 的总光输出。峰值亮度出现在朗伯分布的中心，超过 169000cd/m^2。请注意，这些图中的假彩色显示（在黑白图中变换为灰级）用于描绘亮度分布。

6.3.2 不同距离处双 LED 系统的仿真

为了理解两个 LED 所发出的光是如何混为一体的，我们来观察一下距离双 LED 光源结构 10mm、15mm、20mm 处的辐射。对应于这些距离，图 6.9、图 6.10 和图 6.11 分别给出了配置示意图和探测器所探测的 $X-Y$ 坐标亮度分布图像。由于在这几种情况下探测器的大小保持不变，距离越远，探测器上的光源图像就被截掉越多。但无论如何，这几种情况下的峰值亮度都捕捉到了，只有周边的衰减区域有缺失。

a)

图 6.8 a）计算所得，由探测器观察到的位置空间亮度分布，探测器放置在距离图 6.7a 所示单个 LED 5mm 处。这时，探测器收集到的光通量为 LED 发光量的 100%

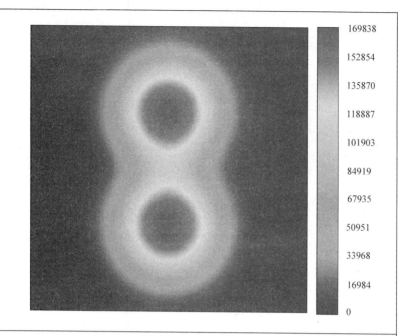

探测器图像：位置空间的亮度

简单LED模型
2012年10月26日
探测器3,NSCG表面1:
尺寸30.000W×30.000 H mm,像素225 W×225 H,总点击数=19927629
峰值亮度:1.6984E+005 lm/m²/sr
总功率:1.9928E+002 lm

b)

图 6.8　b）计算所得、探测器处所观察到的位置空间亮度分布，探测器放置在距离
图 6.7b 所示两个 LED 5mm 处。这时，探测器收集到的光通量为两个 LED 发光量的 99.5%（续）

图 6.9 ~ 图 6.11 显示，即使探测器的距离增加，光通量仍聚集在探测器平面上，在探测器的中心产生一个会聚的高亮度区。在本章的后面，我们将对这种平面内分立配置 LED 的 SFD 特性给出更详尽的说明。

6.3.3　使用不同探测器尺寸的亮度分析

由图 6.8 ~ 图 6.11 所给出的模拟结果可以看出，双 LED 配置在观察面的中心产生一个相对小面积的高亮度区域；离开中心后，光功率快速降低。系统中，这种两个大功率 LED 光源组成的高强光源只在光轴方向产生会聚照明，观察者在一定距离内直接沿光轴看，将感受到很强的眩光。这样的观察距离内，在任何合理尺寸上的照明都是不均匀、不理想的。在一定观察距离内，大量光通量都集中在距离平面中心半径很小的范围内。为了验证这一点，我们将探测器增大到40mm×40mm，

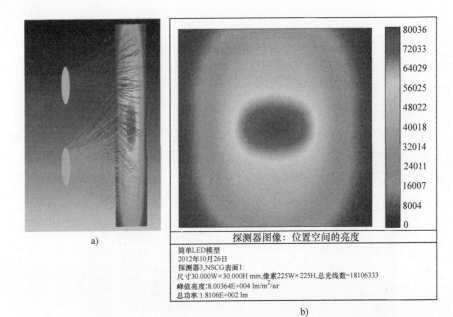

图 6.9　a）光线被距离双 LED 光源 10mm、30mm×30mm 的矩形探测器接收的三维示意图；
b）计算所得、在探测器处观察到的位置空间亮度分布，探测器放置在图 6.9a 所示位置处。
这时，探测器收集到的光通量为两个 LED 发光量的 90.5%

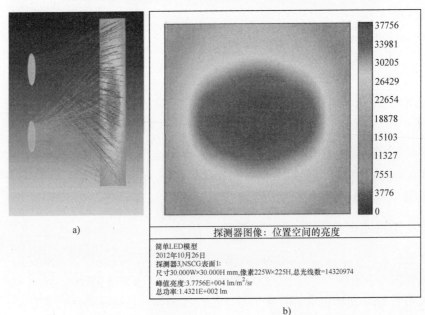

图 6.10　a）光线被距离双 LED 光源 15mm、30mm×30mm 的矩形探测器接收的三维示意图；
b）计算所得、在探测器处观察到的位置空间亮度分布，探测器放置在图 6.10a 所示位置处。
这时，探测器收集到的光通量为两个 LED 发光量的 71.6%

并计算距离双 LED 系统 20mm 处的亮度输出。距离光源 20mm 大探测器（40mm×40mm）所探测到的辐射如图 6.12 所示，是位置空间的亮度分布。尽管这时的大探测器收集到更多功率，但在和图 6.11b 及图 6.12b 共同的位置空间，亮度分布是相同的。

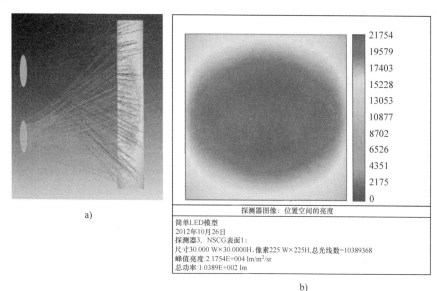

图 6.11　a）光线被距离双 LED 光源 20mm、30mm×30mm 的矩形探测器接收的三维示意图；
b）计算所得、在探测器处观察到的位置空间亮度分布，探测器放置在图 6.11a 所示位置处。
这时，探测器收集到的光通量为两个 LED 发光量的 51.5%

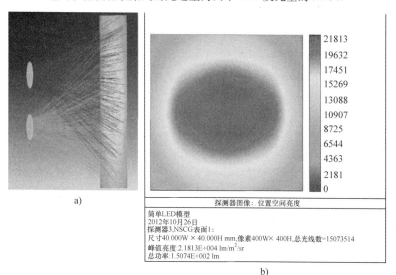

图 6.12　a）光线被距离双 LED 光源 20mm、40mm×40mm 的矩形探测器接收的三维示意图；
b）计算所得、在探测器处观察到的位置空间亮度分布，探测器放置在图 6.11a 所示位置处。
这时，探测器收集到的光通量为两个 LED 发光量的 75.3%

将探测器上沿 X 和 Y 轴的一维亮度变化规律可视化常常很有用。对于图 6.12a 所示的双 LED 系统，我们在图 6.13 和图 6.14 中给出了结果。

从图 6.12～图 6.14 可以看到，虽然大探测器可以收集到更多功率，但是在和小探测器重叠的区域内，具有相同的亮度最大值，在相同的椭圆内 x 和 y 半径方向上也具有相同的亮度分布。大探测器的结果显示，亮度值在向探测器边缘的方向快速、单调衰减。

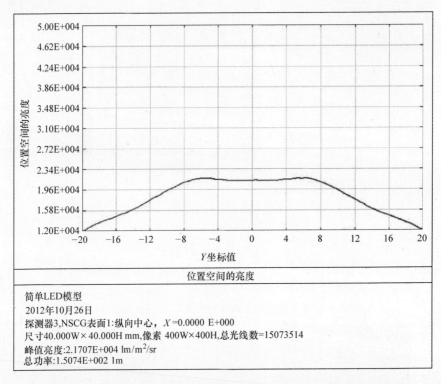

图 6.13　对于图 6.11a 所示双 LED 配置，探测器上沿 Y 轴（$x=0$）观察到的位置空间亮度分布计算值。仅在半径 8mm 的区域内，最大亮度值大体保持恒定，离开该区域后亮度值迅速下降

6.3.4　仿真输出结果的选择：亮度或非相干照度

现在，观察一下双 LED 系统的非相干照度输出是一个很好的练习。它和图 6.8b 给出的输出结果相类似。结果如图 6.15 所示，所给出的是非相干照度分布，和图 6.8b 给出的位置空间亮度分布相同。在本章的后面部分，我们将选用非相干照度，而非亮度作为描述位置空间光分布的参数。

6.3.5　LED 照明特性总结

现在，我们可以根据上面模拟给出的结果来对 LED 照明的特性给出一些定性

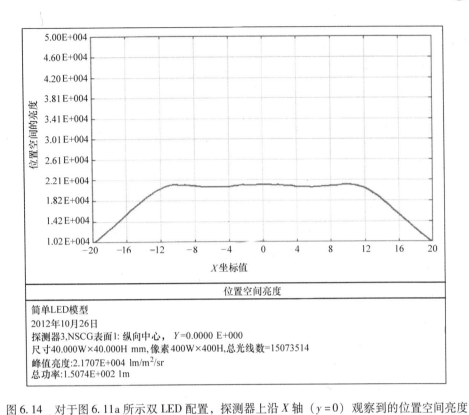

简单LED模型
2012年10月26日
探测器3,NSCG表面1: 纵向中心,　　$Y = 0.0000\ E+000$
尺寸40.000W×40.000H mm,像素 400W×400H,总光线数=15073514
峰值亮度:2.1707E+004　lm/m²/sr
总功率:1.5074E+002 lm

图 6.14　对于图 6.11a 所示双 LED 配置,探测器上沿 X 轴($y = 0$)观察到的位置空间亮度分布计算值。仅在半径 8mm 的区域内,最大亮度值大体保持恒定,离开该区域后亮度值迅速下降

的讨论。尽管,我们给出的分析结果所用的是双 LED 系统,它仍可直接推广扩展到光源平面上更大的二维 LED 阵列(例如,一个 10×10、100 个 LED 的阵列)得到以下结论:

1)当 LED 之间的间距为器件表面尺寸(比如,圆形器件的半径或矩形器件的长或宽)量级时,以该间距 x 和 y 安装在 XY 平面上的标准 LED,在平行于光源而且距离较近的观察面上会产生高亮度光分布。峰值和高亮区将集中在观察面的中间区域,因为光源面上各 LED 都会对称地在观察面中心贡献一部分光(见图 6.13 和图 6.14)。这里,假设光源和观察面的中心均位于它们共同的光轴,我们称之为 Z 轴的轴线上。

2)通过模拟输出,我们确认:如果被照面大小和安装 LED 阵列的光源面相近,在距离由两个以上 LED 组成的通用光源阵列不远时,可以获得相当均匀的亮度输出。对于某个优化的 LED 间距 x 和 y,并且观察面位于某个 z 点时,观察面上可以获得非常均匀的照明。这就是为什么用笔记本电脑、电视和其他显示器屏幕都可以用 LED 背光源获得比其他技术更亮、更高效的照明[110]。

3)任何其他不垂直于光轴的平面上获得的照明均会显著减少。相应地,如果

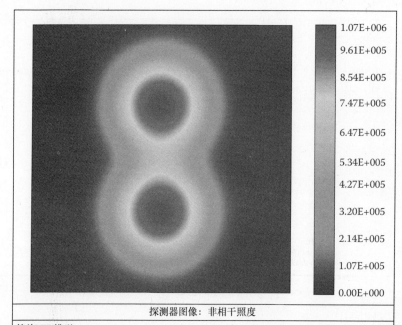

	1.07E+006
	9.61E+005
	8.54E+005
	7.47E+005
	6.47E+005
	5.34E+005
	4.27E+005
	3.20E+005
	2.14E+005
	1.07E+005
	0.00E+000

探测器图像：非相干照度

简单LED模型
2012年10月28日
探测器3,NSCG表面1：
尺寸30.000 W × 30.000H mm, 像素400 W × 400 H, 总光线数=19927629
峰值照度：1.0677E+006 lm/m
总功率：1.9928E+002 lm

图 6.15　计算所得、在探测器处观察到的位置空间非相干照度分布，探测器位于距离
图 6.7b 所示两个 LED 5mm 处。这时，探测器收集到的光通量为两个 LED
发光量的 99.5%，并且显示出与图 6.8b 同样的辐射分布

灯具设计将 LED 都分布在同一平面上，就无法提供良好的周边照明。在离轴区域，需要逐渐倾斜地分布光通量。

4）根据图 6.8a 和 b，平面 LED 光源在探测器表面所产生的亮度非常高，但仍低于该仿真中所用大功率 LED 的本征亮度值。在接下来几张探测器距离更远的图中，即使只有两个 LED 的贡献，亮度仍维持在较高的水平。当我们在二维阵列中使用更多个 LED，更高亮度的 LED 或者两者组合来在距离更远处增强照明时，光轴方向的亮度也随之增加，当观察者直接观看这样的 LED 光源时，会感受到明显的眩光。

5）由二维 LED 阵列所构成的光源可以在距离光源较近的平面上产生足够的照明，尽管观察者应该避免直接观看 LED 灯。然而，由于同一平面上各分立高亮（HB）LED 的光通量主要聚集在正前方，对于远距离照明、特别是包括宽角度范围的大体量照明，用排布在平面上的 LED 灯珠就难以实现。

前面的结论表明，除了简单地将 LED 排布在平面上做成光源，我们需要更有效的光分布扩展方法。为了使 LED 灯具获得普遍应用，其设计必须能为平面以及各种尺度的体积空间提供适宜而且有魅力的照明。这类灯具应该通过提高均匀性，减少眩光，用更少的灯获得更远、更广角的光分布来改进照明质量。

本章前半部分给出的方向特性模拟结果告诉我们：超过 30° 后，LED 的发光强度降低很快（见图 6.2 和图 6.5）。市场上的某些灯具将分立的 SMT 型 LED 模组安装在斜面或曲面上来克服这种局限。这种解决方案总会遇到各种挑战，包括更加复杂的热设计和制造过程。最重要的是，这仍无法解决我们所关注的眩光和照明不均匀问题。

在第 5 章所讨论的灯具案例以及本章的数值分析结果都证明，缺少二次光学设计，仅用小的、分立、平面发光器件所构成的 LED 灯和灯具的问题来自两个方面：①大角度的 LID 不足；②在位置空间，LID 大都集中在一个比较小的区域，这是由于器件发光面的面积很小。为了使 LED 灯具能够在通用照明领域成为替换现有白炽灯和荧光灯的有力竞争产品，其设计必须能够扩展 LID，使其能够达到和其他灯具相当的水平。现在，我们来讨论一些适合扩展的 LED 光源设计方法，通过用适当的非平发光面和比较低的本征光源亮度产生连续光辐射分布。

6.4　产生均匀、多向或各向同性 LED 照明分布

我们已经讨论了很多，现有的 LED 形式无法达到白炽灯和荧光灯所能实现的位置均匀性和方向均匀性。但是，究竟是什么使传统光源产生出均匀而且各向同性辐射呢？为什么这些光源不会产生多余的眩光，而发射同样光通量 LED 会产生更强眩光？答案就隐藏在电磁辐射的基本特性中。

6.4.1　电磁理论在 LED 和标准灯中的应用

本质上，光辐射服从以麦克斯韦方程组为基础的电磁波基本定律。麦克斯韦方程组的第一个公式所表述的是关于包含在一定空间体积内的电荷是如何产生电场辐射的。它被称为"高斯定律"，实质上等价于数学上的散度定理[111]，其数学形式为

$$\iint\limits_{S} \vec{F} \cdot \vec{n} dS = \iiint \vec{\nabla} \cdot \vec{F} dV \tag{6.2}$$

式中，$\vec{F}$ 为向量场或类似解析函数的通量，即它可以二次微分。在电磁学中，当 $\vec{F}$ 表示电场时，式（6.2）右边给出的是电荷总量，它正比于曲面 S 所包围体积 V 内的能量。这正是高斯定律所阐述的。

注意：应用于光源时，$\vec{F}$ 可以代表描述光功率的位置函数或体积 V 内光源能量所产生的光通量。

电磁波的传播特性可通过求解麦克斯韦方程组获得，可以用其电场来描述，写为[112]

$$\vec{E}(\vec{k},\vec{r}) = E_0 e^{-i\omega t} e^{i(\vec{k}\cdot\vec{r})}$$　　　　　　(6.3)

式中，E_0 是 $\vec{E}$ 的振幅；ω 是角频率；$\vec{r}$ 是位置向量；t 是时间；$\vec{k}$ 是由下式给出的波向量：

$$\vec{k} = \frac{2\pi}{\lambda}\vec{n}$$

式中，$\vec{n}$ 是复折射率。广义的折射率是个向量，其大小取决于复数 n_c，可写为

$$|\vec{n}| = n_c = n_r + in_i$$　　　　　　(6.4)

式中，n_r 为光折射率；n_i 与材料的光吸收特性相关。

　　从具有一定形状及其他物理特性、包括光折射率的光源发射的光能就相当于依据式（6.2）和式（6.3）来自光源的辐射。这是因为单色（即一个光源仅发射单一频率的可见光）光源所发出的辐射和其电场 $\vec{E}$ 一样服从散度定理。而任何白光光源都是由多个波长的单色光波所组成的，其辐射特性由各单色成分所确定。因此，我们可以推论任何光都遵守散度定理，只能在垂直于光源表面的方向离开一个封闭的光源。在传播过程中，各单色波分量均满足式（6.3）。

　　因此，只有一个平面发光面的薄片 LED 所产生的光大多垂直于其发光面（这里，我们假设，LED 芯片内部所产生的大部分光都能从发光面垂直出射。这是因为，芯片内部的光通量分布被约束在一层非常薄的有源层内，而且任何 LED 芯片和外部介质之间的折射率失配只在出射面处引起反射损失）。与此相比，依据散度定理，其他发光面为曲面的光源可以在垂直于其表面曲率的所有方向发光。

6.4.2　LED 和曲面灯的照明比较

　　针对图 6.16 和图 6.17 的结构，利用散度定理，我们现在来分别了解 LED 和曲面灯的照明特性。

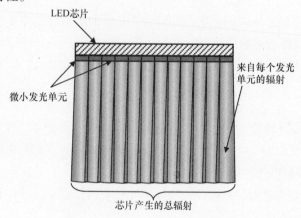

图 6.16　光从 LED 芯片一侧或截面出射的示意图。未包括边缘效应，
受散度定理或高斯定律控制，辐射仅在垂直于 LED 芯片表面的方向出射。
和出射面的尺寸相比，源的厚度非常薄。示意图未按实际比例绘制

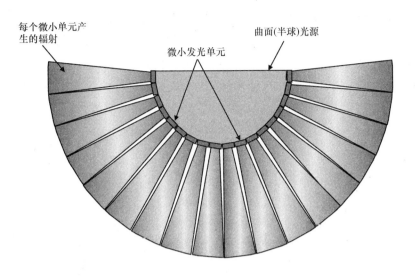

图 6.17　光从球面光源的一个截面出射的示意图。受散度定理或高斯定律控制，
辐射仅在垂直曲面的方向出射。示意图未按实际比例绘制

图 6.16 示意了为什么 LED 产生指向性输出，在光源前方类似于一个朗伯体。
我们可以想象，只要 LED 灯和灯具采用图 6.16 所示的平面阵列基本结构，所产生
的照明就将无法类同于白炽灯和荧光灯。

图 6.16 所示单个 LED 光源也可以解释为什么 LED 产生很高的亮度，而曲面光
源的亮度则低得多。图 6.18a 和 b 用以说明其原因。

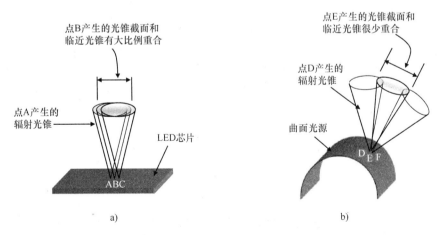

图 6.18　a）LED 芯片上的相邻点 A、B 和 C 在相同的法线方向产生光锥。由图可见，
代表发光强度的相邻光锥在空间高度重合，使得光集中在很小的角度范围内，这样就形成了
很高的亮度水平。b）曲面光源上的相邻点 D、E 和 F 在不同的法线方向形成光锥，因此，光源的
LID 被分散到很宽的角度范围中。与图 6.18a 相比，曲面光源的亮度低得多，原因是在图 6.18a 中，
邻近点产生空间很小相互重叠的光锥

我们来考虑图 6.18a 所示 LED 芯片发光面上三个相邻的点 A、B 和 C。首先假设这些点具有有限的表面积 dS，每个产生一个如图 6.18a 所示的且有限的光锥。与图 6.18b 所示光源曲面上的对应点 D、E 和 F 相比，A、B 和 C 所产生光锥的相互重叠要大得多，因为它们的辐射方向均在相同的法线方向。这种一致性增加了图 6.18a 所示光源的光通量汇集度或亮度。而点 D、E 和 F 具有不同的法线方向，因为它们处于光源表面上的不同曲率位置。因此，这些相邻点所产生光锥的相互重叠要小得多。

如果我们现在令 dS 趋近于零，并且对来自所有无限小点的光锥积分，合计所得的结果将是图 6.18a 中平发光面 LED 光源的亮度远大于图 6.18b 的光源（这一比较的基本假设还包括两种情况具有相同的空间尺寸和单位发光强度）。因此，正如我们在上一节模拟中看到的那样，LED 的亮度水平非常高，而且总会对观察者造成眩光。

前面的讨论帮我们弄清了为什么在平面上配置分立 LED 光源的发光高度集中，在通用照明领域具有以下缺点：这种光源在远距离处产生的照度不高，因为灯表面有些地方是暗的，远处只能接收到各光源及其邻近光源在很小角度内的 LID 贡献。如果在距离平面 LED 光源阵列不同距离处对通量密度进行积分，则由 LED 产生的每个朗伯分布产生的积分结果将显示，只在光源正下方的有限区域，距离光源合适的距离处能获得足够的照度。

而对于具有连续而且均匀曲面发光的光源，远距离处仍能够接收到来自单个灯或类似邻近灯在很宽角度发射的 LID 贡献。因此，通过有效的通量积分，增加了远距离的照度，而且不产生眩光。当照明曲面物体时，这类光源也更能产生自然的阴影，而我们在本章分析中所讨论的 LED 灯则不能。爱迪生的白炽灯和 CFL 都属于这类，其中白炽灯更能产生自然阴影；而在使用同样电能的情况下，CFL 能够在更大的体空间产生更高照度。

6.4.3　产生多向和扩散 LED 光分布的方法

用现在讨论的方法制作的 LED 属于图 6.16 所示的光源类别。那么，我们怎么将集中在一小点上的光扩散到大的体空间，或者说均匀地扩散其光通量分布呢？现在，我们来讨论几种方法增加散射光分布，提供适合周边照明的多方向照射。

不难理解，一段时间以来，将 LED 灯珠发出的光扩散开来一直是工业界的重要课题。因此，在文献中我们找到很多方法可用于扩展 LED 光出射。其中，以下两种途径最近受到特别的关注：

1）衍射光学；

2）自由曲面光学。

虽然这两种方法也许有些重叠，但是传统上衍射光学使用明确定义的分立元件，而自由曲面光学则利用模拟和集成的方式，使用包括各种定制模具注塑的元件来控制光分布。在光学领域，用衍射光学技术来扩散和控制空间光分布已经有一定历史。因此，我们请读者参考其他人的工作[113-115]。也请有兴趣的读者学习其他研究小组关于自由曲面光学方法的应用[116-118]。

这里，我们考虑另一种途径，使用光管和波导展宽分立 LED 器件的发光。虽然某些光管结构也许和自由曲面光学元件有部分重叠，但是对于构建通用照明用 LED 灯来说，这里所引入的整体概念是和原来不同的。接下来所要介绍的方法与衍射光学元件的使用部分相关。

6.4.3.1 用光管和复合曲面光学元件匀光及扩展 LED 光输出

现在介绍一种设计概念来构建照明均匀而且广角的 LED 灯具。我们用分立 LED 阵列，每个 LED 都配一个合适的扩束器，扩束器彼此紧密地排列在曲面上，光从扩束器发射到周围环境中[119,120]。在这一节，我们考虑用光管和复合光学元件来实现扩束。关于灯具外层曲面的密封层的光学和机械需求方面，也许可以用在光管前面的曲面衍射光学元件来实现。由此来保证每个光管的中心光轴保持其连续性并垂直穿过灯具曲面。理论上，这些分立元件可以用成形技术和光管集成在一起。

为了理解光管是如何均匀展宽光束的，让我们来模拟一下用和不用光管情况下 4 个 LED 的光输出。结果如图 6.19 ~ 图 6.21 所示。图 6.19a 所示是 4 个封装的 LED 安装在一个平面上，图 6.19b 是在距离其 10mm 的平面探测器上的输出。

现在，我们来看一下距离 LED 平面更远的探测器上的输出。和前面一样，图 6.20a 所示是安装在平面上 4 个封装 LED 以及探测器位置；图 6.20b 是 LED 在距离其 43mm 的平面探测器上的模拟输出。图 6.20b 显示，光在探测器上是非常不均匀、散乱的，而且 4 个 LED 所发射的总光通量中只有不到 10% 被探测器所接收。

现在，我们来模拟图 6.20a 所示 4 个 LED 通过 4 个光管后的光输出，如图 6.21a 所示。用和前图同样大小的探测器所观测的输出结果如图 6.21b 所示。

尽管在本次模拟中，图 6.21 所示光管并未优化到能够收集 LED 的全部发光，但由图 6.21b 可以清楚看到，它能够在限定范围内均匀扩束。如果没有这样的二次光学系统，阵列 LED 只通过自由空间辐射在空中产生非均匀照明，如图 6.22 所示。

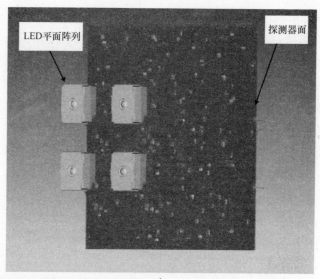

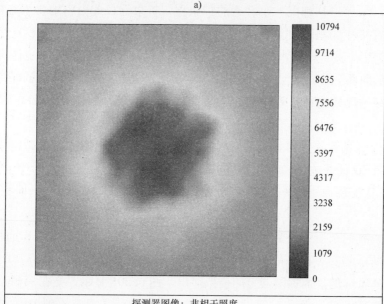

探测器图像：非相干照度

优化实例
2012年11月12日
探测器4,NSSG表面1:位于发光管末端
尺寸20.000W×20.000 H mm,像素101W×101H,总光线数=230345
峰值照度:1.0794E+004 lm/m^2
总功率:2.3010E+000 lm

b)

图 6.19　a）4 个 LED 所发出的光线被距离 10mm、20mm×20mm 的方形探测器
所接收的三维示意图。光线轨迹显示大部分光都不均匀地集中在探测器中心区域。b）图 6.19a
所示的 4 个 LED 在距离 10mm 的探测器所产生非相干照度位置空间分布的计算值。输出显示，光在探
测器上的分布是不均匀的，中心最强，探测器收集到的光通量为 4 个 LED 发光量的 57%

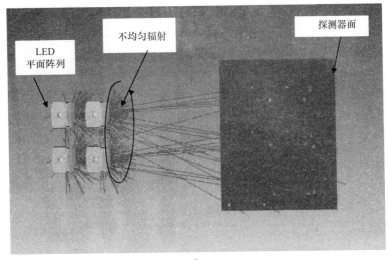

a)

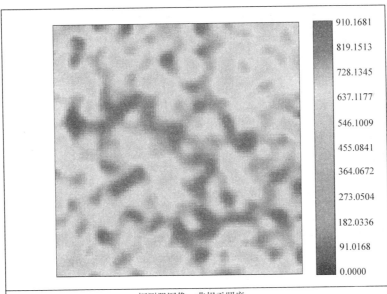

探测器图像：非相干照度
优化实例 2012年11月10日 探测器4,NSCG表面1:位于发光管末端 尺寸20.000W × 20.000 H mm,像素101W×101H,总光线数=27519 峰值照度:9.1017E+002 lm/m² 总功率:2.7561E+001 lm

b)

图 6.20　a）4 个 LED 所发出的光线被距离 43mm、20mm×20mm 的方形探测器所接收的三维示意图。光线轨迹显示只有少数零散光线到达了探测器平面，在 LED 正前方的辐射非常不均匀。b）图 6.20a 所示的 4 个 LED 在距离 43mm 的探测器上所产生非相干照度位置空间分布的计算值。输出显示，光在探测器上的分布是不均匀、散乱的，探测器收集到的光通量仅为 4 个 LED 发光量的 6.9%

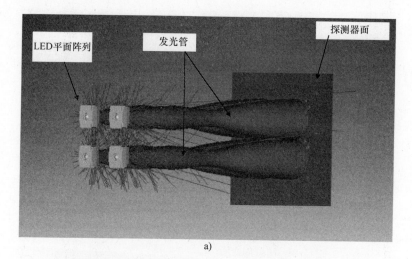

a)

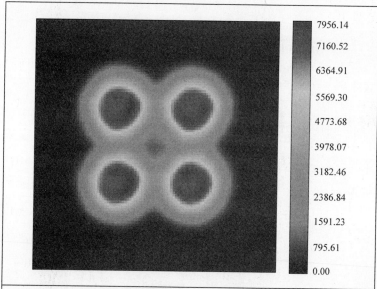

探测器图像：非相干照度

2012年11月10日
探测器6,NSCG表面1:位于光管末端
尺寸20.000W×20.000 H mm,像素101W×101H,总光线数=72640
峰值照度:7.9561E+004 lm/m²
总功率:6.5540E+000 lm

b)

图 6.21　a）4 个装有光管的 LED 所发出的光线被距离 43mm、20mm×20mm 的方形探测器接收的
三维示意图。光线轨迹显示，光管和 LED 的耦合并未优化好，在 LED 和光管界面处有大量光
功率损失。b）图 6.21a 所示 4 个 LED 的光经 4 个光管后，在探测器上所产生非相干照度位置
空间分布的计算值。照度输出显示，从光管中出射的光未发散开，
探测器收集到的光通量为 4 个 LED 发光量的 16%

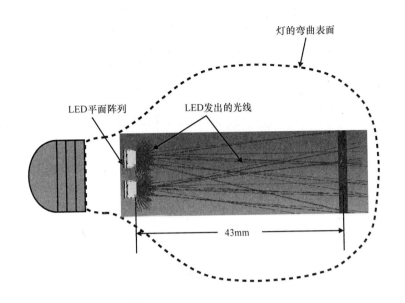

图 6.22　用 Zemax 制作的灯泡内 LED 阵列所发射光线的路线图。灯的外部
形状为曲面结构，类似于白炽灯。从图中可以看出，LED 发出的光线中只有很少一部分
光线的方向和曲面正交。因此，这样的设计无法像实际的白炽灯一样在各方向产生均匀照明

光管和其他复合光学器件可以避免无效的自由空间辐射并将 LED 所发出的光引导到需要的地方。让我们来考虑另一个二次光学的例子，它可以在有限范围内扩展光照。在图 6.23 中，我们给出了一个使用矩形抛物面聚光器在一个平面上对现在讨论的 LED 实现扩展照明的仿真结果。图 6.23a 和 b 显示，LED 的输出光可以被展宽到一个远离光源的更大表面上，而不引入很多任意光辐射引起的光损耗。

虽然图 6.23b 所示的展宽效果适合在一个平面上提供均匀照明，但是无法在一个体空间提供均匀照明。为了获得这样的照明，也许可以用不同斜度、弯曲，并直达灯具弯曲外表面的光管的光学设计实现。这种概念的示意图如图 6.24 所示。

如图 6.24 所示，光管可用于将每个 LED 的光约束传播到光源的弯曲表面上，同时可以满足连续性以及光轴正交的需要。这可以使光从灯的表面均匀地向多个方向发射。为了实现这类灯所需的表面缓变、密封的光学及机械性能，我们来研究一下将下面的光学元件用于衔接弯曲的外表面和光管很有帮助：

1）非球面；

2）环状面；

3）阵列透镜面；

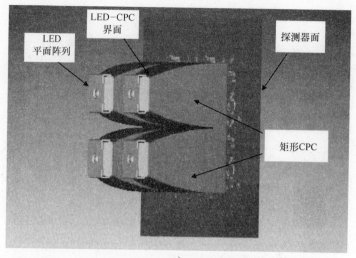

a)

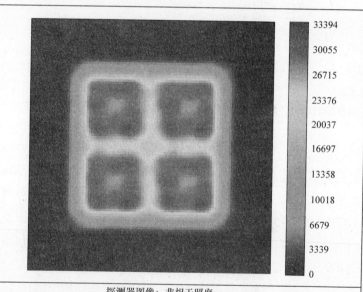

探测器图像：非相干照度

优化实例
2012年11月12日
探测器6,NSCG表面1:位于矩形CPC末端
尺寸20.000W×20.000 H mm,像素101W×101H,总光线数=399660
峰值照度:3.3394E+004 lm/m²
总功率:3.9968E+000 lm

b)

图6.23　a) 4 个装有矩形复合抛物面聚光镜（CPC）的 LED 所发出的光线被距离 10mm、20mm×20mm 的方形探测器接收的三维示意图。光线轨迹显示，CPC 可以很好地收集 LED 的发光；因此，几乎没有在 LED－CPC 界面处产生散射光的辐射损失。b) 图 6.21a 所示 4 个 LED 的光经 4 个矩形 CPC 后，在探测器上所产生非相干照度位置空间分布的计算值。照度输出显示，从光管中出射的光约束良好而且均匀，探测器 100% 收集到 4 个 LED 所发射的总光通量

4) 扩展多项式面;

5) 扩展多项式透镜。

这些分立光学元件都可以用 Zemax 建立模型,它们的数学描述可以参看 Zemax 手册[109]。

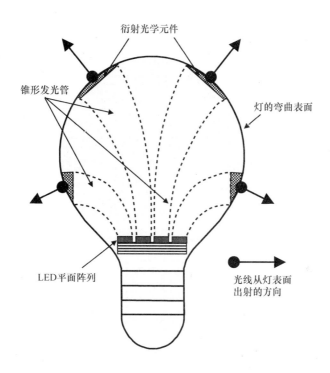

图 6.24　建议的 LED 灯设计示意图。设计使用不同长度和弯曲的锥形光管 (也可以使用波导) 来实现光管光轴和灯的弯曲外表面正交。也许还需要适当的衍射光学元件减缓光在灯出射表面的折转。示意图用了白炽灯的外形轮廓。我们可以预期,这样设计的 LED 灯的照射将是多方向而且均匀的。请注意,示意图未按实际比例绘制

6.4.3.2　用楔形波导匀光及获得各向同性 LED 灯

在上一节中,我们用光管和复合光学元件实现了对 LED 发光的光束扩展。现在,我们将考虑用斜面波导做同样的事情。和使用光管时一样,为了在灯泡弯曲的外表面处实现无缝连接,可考虑在斜面波导的前面使用一些曲面衍射光学元件。理论上,利用模压技术可以将这些分立元件和波导集成在一起。

在开始分析之前,让我们先来考虑一下波导和光管的主要区别。光管常被用于传导多色光,比如白光;而波导是用于传导单色光波的结构。波导的导波特性是由其所支持的光学模式决定的,取决于波导介质的光学和几何特性。这些特性决定了

一个波导能支持多少个模式，其范围为 $0 \sim n$，n 为正整数。光纤通信领域就主要基于波导理论，有兴趣的读者建议阅读参考文献 [121，122]。

之所以用波导而非光管设计针对通用照明的 LED 灯，原因是多方面的。波导非常适合 LED 和激光技术，能够在很大程度上提升其性能、产量及工艺特性，因为本质上 LED 是：

1）近似单色的；

2）其有源区或发光区较小时，器件的性能更好；

3）适合使用隔离的荧光粉获得高质量发光；

4）和传统的电子及光电子工业相类似，适合使用有效的热管理设计。

在 LED 设计中使用波导的另一个优点是这些波导永远是多模的，因为波导的截面尺寸需要和 LED 芯片的典型发光面尺寸相匹配。多模光纤要比单模光纤更易于制造，因为前者具有更大的截面尺寸，不需要微米甚至亚微米的加工精度。

由于可以接受更大的对准误差，它们也更容易完成和对应 LED 芯片的对准。众所周知，单模激光器和单模光纤，也就是单模波导之间的对准相当困难。

使用多模光纤的缺点是：结构可以支持多个传播模，这将带来多个模式之间的干涉，在波导中引起不理想的光分布。尽量减少这种情况出现的方法是保持光纤端面，也就是 LED 尺寸比较小，创造条件有选择性地激发基模。波导面的斜度和弯曲必须是缓变的，保持在整个波导结构中基本都是基模[124 - 126]。

$1mm \times 1mm$ 大尺寸已经成为大功率白光 LED 的标准尺寸，这主要和厂家在维持长寿命的同时，希望通过增大出光面积将单个 SMT LED 的总光通量最大化有关。在一个灯或灯具中使用更少的 LED 灯珠也更加经济。无论如何，相比于 1W 的 LED 芯片，小芯片、工作在更低电功率的激光器和 LED 效率更高，寿命也更长。这样有利于提高晶圆水平的成品率，并可以从单个晶圆制作出更多器件。

现在，我们来分析一个缓变斜面波导用于图 6.24 类似的结构。这里，我们用位于 XY 平面，6 个发射 $0.55\mu m$ 绿光的 LED，配有 6 个波导。为了简单，我们只考虑波导的输出面都位于一个平面，而非曲面上。我们模拟 4 种不同的斜面波导尺寸来展示，用斜面波导紧贴在输出平面上，可以在输出面上获得均匀光分布。模拟所使用的是 Optiwave System 公司出品的商用软件 OptiBPM[127]。

在图 6.25 中，我们给出了使用无斜度波导在输出面所获得的辐射场分布。这时，输出面与输入面很相似，因为理想、无损耗的波导只是将来自 LED 的输入光无扩展地传输过去。

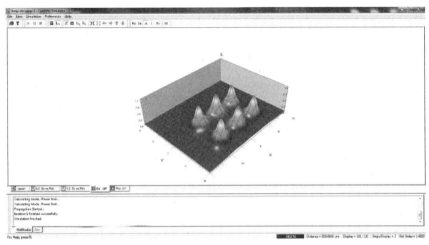

图 6.25　6 个 LED 串接 6 个没有斜度的直波导后，在输出面上所观察到的
辐射场位置空间分布计算值。输出面上的场分布和输入面，也就是在 6 个 LED
近前方平面上的分布相同。这是因为模拟中所用的波导是理想的，没有损耗

在图 6.26 中，我们给出了使用只在一个截面方向（即沿 X 轴）有斜度的波导
在输出面所获得的辐射场分布。图 6.27 是用两个截面方向（即沿 X 和 Y 轴）都有
斜度的波导在输出面所获得的辐射场分布。不过，在输出面上，波导之间有空隙。
最终，图 6.28 是用两个方向都有斜度，而且波导在输出面无缝排布的结果。

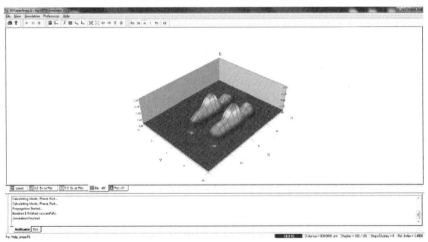

图 6.26　6 个 LED 串接 6 个只在 X 方向有倾斜展宽的波导后，在输出面上
所观察到的辐射场位置空间分布计算值

图 6.25 ~ 图 6.28 演示了如何用紧密排列的斜面波导在输出面上逐渐将光分布
匀化。图 6.28 显示，和其他波导相比，中间波导会聚的光稍多一些。同样的效应
在第 3 章热模拟的图 3.10 中也出现过。对一个分立元件阵列，由于对称性，中间

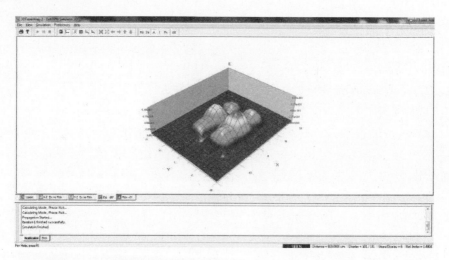

图 6.27 6 个 LED 串接 6 个在 X 和 Y 方向都有倾斜展宽而且在输出面上彼此之间排列有间隙的波导后，在输出面上所观察到的辐射场位置空间分布计算值

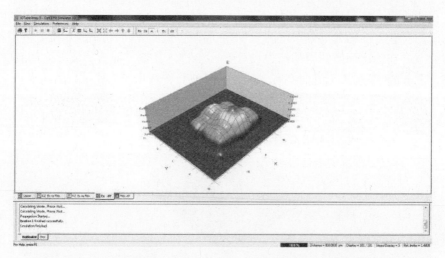

图 6.28 6 个 LED 串接 6 个在 X 和 Y 方向都有倾斜展宽而且在输出面上彼此无间隙紧密排列的波导后，在输出面上所观察到的辐射场位置空间分布计算值。斜面波导紧密排布在输出面上产生出均匀的光分布

元件会从邻近元件接收到稍多一点的功率。因此，比其他部分有稍强一点的功率会聚（请参照第 3 章对该结果的解释）。

为简单起见，该分析中，波导和 LED 的尺寸都非常小。有兴趣的设计师可以增大这些尺寸获得类似的结果。将每个 LED 的光入射到斜面多模波导中，并在波导中激发基模。

我们必须意识到，对于理想的波导，严格来说入射到波导中的光是相干的。而

LED 的光输出是非相干的。这里所给出的分析可以看作是对实际情况的近似。一般 LED 灯需要几厘米长的波导（或光管）。这样短的尺寸可以避免出现严重的模式色散效应。作为一个相关的对比，LED 已经被成功用作光源将光信号在多模光纤中传送数米，其中的模式色散效应仍在可忽略的范围[128]。

本章中到目前为止所给出的分析都是简单而且对称的，用于介绍用光管和波导构建 LED 的新概念。由于需要复杂的制造过程，对于通用照明灯具，这样的设计概念也许成本太高了。但是，如果没有像本节所给出的，用光管或波导匀化、展宽 LED 光输出，对今天大多数的照明应用来说，其照明质量仍不够好。我们希望通过波导、光管的概念以及这里所给出的分析，使大家理解，需要对 LED 芯片发出的光如何操控才能像白炽灯和荧光灯一样产生均匀且各向同性的照明。这也可以帮助工程师避免给出在方向和空间均匀性方面不满足重要照明应用要求的设计方案。

最后重申一下，波导和光管的设计概念在许多重要方面都是非常有用的。这包括能使用更小的 LED 芯片，更低的输入电功率，在灯泡外表面涂覆的非接触荧光粉。最后，但并非不重要，能够有效利用许多电子和光电子产业长期积累的传统热管理方法和技术。这些热管理方法和第 3 章给出的分析和模拟是一致的。此外，由于光管和波导技术已经获得一定程度的商业应用[129，130]，也许在不远的将来，聚合物和聚甲基丙烯酸甲酯（PMMA）光管和多模波导技术获得进一步发展，通过技术进步和批量生产能使成本快速降低。

6.5　预期 LED 光分布特性的实验验证

前面，我们定性讨论了 LED 的照明特点，并用电磁理论和光学模拟研究了它们的光分布特性。接下来，我们用实验来验证这些特性。

6.5.1　筒灯数据的测量和比较

为了比较不同光源的光分布，我们对白炽灯、节能灯和 LED 灯进行了分布式光度测量。在第一轮实验中，我们测量了三类灯具在正规起居室用桌面上的照明情况。这些是可调光筒灯，主要用于照明灯泡正下方部分的区域。图 6.29 是第一轮筒灯实验所用三种灯泡样品的照片，它们分别是 INC - S4、CFL - S3 和 LED - S2（注：CFL - S3 和 LED - S2 的其他光度特性已经在第 4 章给出过）。

评价这三种灯的实验设置和 4.3.1.2 节所介绍的工作用灯测量方法相似。灯泡安装在悬垂的灯头上，位于餐桌中心、距离桌面高 30.5in。位于 XY 平面的桌面被划分为（17 × 6）个网格，网格间距为 $\Delta x = 2.75in$，$\Delta y = 6.00in$，坐标原点（0.00，0.00）位于灯的正下方，即桌面中心。用柯尼卡美能达 CL - 500A 照度计测量每个网格节点处的照度。图 6.30a、b 和 c 是这三种光源的照度分布图。

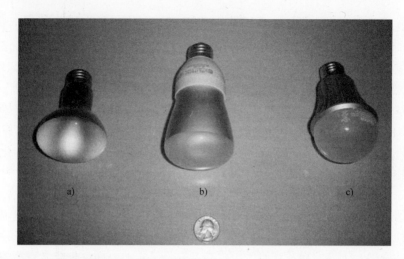

图 6.29　三种灯泡的照片，a）50W 反射型白炽灯（样品：INC – S4）；b）等效于 45W 的 CFL（样品：CFL – S3）；c）等效于 45W 的商用 LED 筒灯（样品：LED – S2）。照片中的 25 美分硬币用来作为灯泡大小的尺寸参考

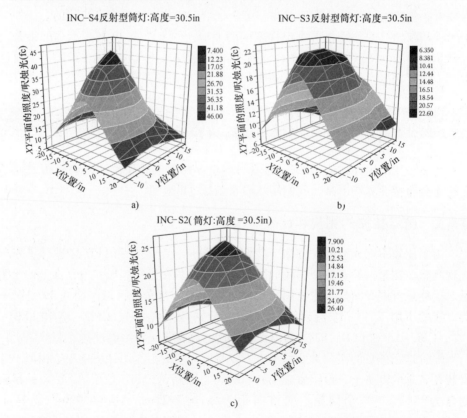

图 6.30　灯高 30.5in 时餐桌表面的照度数据，a）50W 反射型白炽灯（样品：INC – S4）；b）等效于 45W 的 CFL（样品：CFL – S3）；c）等效于 45W 的商用 LED 筒灯（样品：LED – S2）。同样表面积内，INC – S4 产生的照度比等效功率稍小的 CFL 和 LED 灯高出一倍多

虽然白炽灯的等效输入电功率较高，但是我们可以按比例缩减使三种灯的比较更合理。我们将 INC – S4 的数据减少 10％，图 6.30 的数据证明：和白炽灯相比，替换用的 LED 灯要暗得多，而且也未能在 4ft × 3ft 的餐桌表面上提供宽阔或均匀的照明。在上一节中，我们已经预测了使用平面分立阵列安装的 LED 灯具有这样的特性。有趣的是，就像我们所预期的螺线形灯一样，图 6.30b 中 CFL 的数据呈现非单调的光分布。

6.5.2　环境灯数据的测量和比较

第二个实验中，我们测量了各向同性白炽灯和其声称的 LED 替换灯在非正式厨房桌面上产生的照度分布。这是两种环境灯，用来提供比上个实验更广角的照明。图 6.31 是这两个样品 LED – S5 和 INC – S1 的照片，两种灯均可调光（注：INC – S1 的其他光度特性已经在第 4 章给出）。

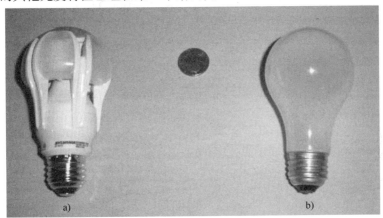

a)　　　　　　　　　　　　　　b)

图 6.31　灯泡照片，a) 等效 60W 的欧司朗喜万年 LED 灯（样品：LED – S5），多个分立的 LED 围绕灯的中心线安装在斜面上；b) 60W 白炽灯（样品：INC – S1）。照片中的 25 美分硬币用来作为灯泡大小的尺寸参考

评价这种 60W 白炽灯和其 LED 替换品的实验设置和刚刚用过的相类似。灯安装在悬垂的灯头上，位于餐桌中心、距离桌面高 30.25in。图 6.32 是 LED – S5 在灯罩内点亮时的照片。由照片可见，LED 灯珠安装在灯的底部以及灯侧面的倾斜表面上。

本实验中，网格尺寸、x 和 y 间隔以及参考原点均与前一个例子相同。对 INC – S1 和 LED – S5 测得的照度分布分别如图 6.33a 和图 6.33b 所示。

图 6.32　LED – S5 在餐桌中心上方的吊伞中点亮时的照片

注意：图6.30 和图6.33 所示的照度曲线沿 Y轴方向有些非对称，原因是与 Y 轴负方向相比，在 Y轴正方向采集的原始数据更多，这是因为柯尼卡美能达 CL - 500A 照度计有6in。

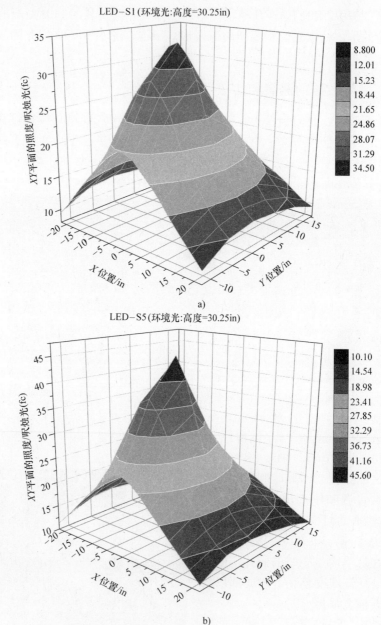

图6.33　灯高30.25in 时餐桌表面的照度数据，a）60W 环境照明用白炽灯（INC - S1）；b）等效60W 的 LED（LED - S5）。LED 替换灯产生更高的峰值，而白炽灯则可提供角度更大，更均匀或者说斜度变化更柔缓的照度分布

图 6.33 给出的实验结果显示，如果用这种将分立的 LED 安装在斜面上做成的 LED 灯来取代 60W 背景白炽灯，在实现均匀宽角的空间通量分布，即实现光分布从中心逐渐变弱方面仍有差距。但和白炽灯相比，虽然 LED 替换灯在中心产生更高的峰值，但离开中心点后的峰值通量迅速下降。在较小区域有明显峰值容易形成眩光并在物体上形成不均匀照明。最后需要指出的是，尽管声称 LED 灯前表面是冷的，经过 2h 的测量之后，两种灯的周围都非常热。这也许是 LED 灯珠沿表面排布在斜面上的 LED 灯在热管理设计方面带来的必然结果。

6.5.3　灯具三维分布光度数据的测量和比较

现在我们来研究使用 Techno 团队的 RiGO – 801 系统测量白炽灯、CFL 和 LED 灯的三维分布光度数据。该系统在第 4 章 4.2.4.5 节介绍过。三种灯的 LID 数据是通过围绕样品缓慢扫描的一个高分辨率三维成像相机测得的。图 6.34、图 6.35 和图 6.36 分别是 LED 灯、白炽灯和 CFL 的 LID 数据。为了比较，三个图的 XYZ 坐标的坎德拉（cd）标尺均相同。XZ 平面给出了该平面附加的角刻度。

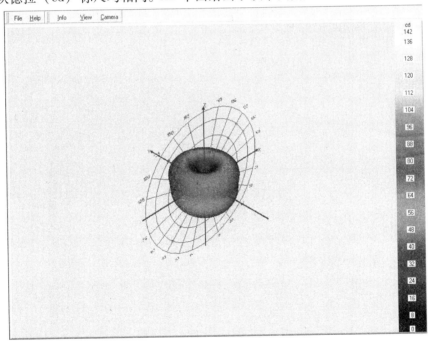

图 6.34　RiGO – 801 系统所测量 LED – S1（12W）的 LID 数据三维图。图中给出了 XYZ 坐标系（正值空间）中灯的 LID，也给出了 XZ 平面上的角空间刻度。LED 灯的 LID 数据明显是非对称的、大部分光分布都在 z 为负值的下半球（数据由 Techno 团队提供）

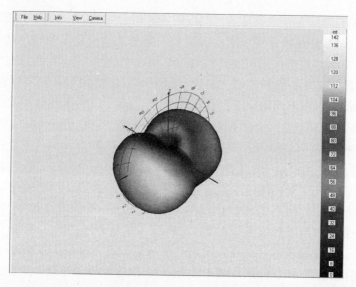

图 6.35　RiGO – 801 系统所测 90W 标准白炽灯的 LID 数据三维图。图中给出了 *XYZ* 坐标系（正值空间）中灯的 LID，也给出了 *XZ* 平面上的角空间刻度。灯的 LID 在 4π（sr）范围内相当对称地分布在上、下半球，在很宽的角度范围内，LID 数据变化都很平缓（数据由 Techno 团队提供）

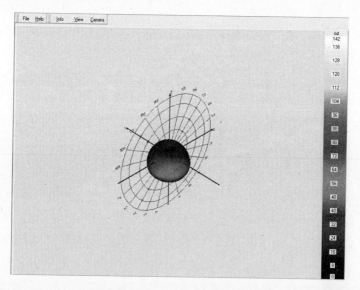

图 6.36　RiGO – 801 系统测量 11W CFL 的 LID 数据三维图。图中给出了 *XYZ* 坐标系（正值空间）中灯的 LID，也给出了 *XZ* 平面上的角空间刻度。和图 6.34 中 LED – S1 的数据相比，这种灯的 LID 在整个 4π（sr）空间内的分布更均匀一些。但 CFL 在下半球的 LID 更强。和图 6.35 中的白炽灯相比较，这种灯的 LID 变化范围比较有限，因为白炽灯的等效功率要高很多（数据由 Techno 团队提供）

图 6.35 所示白炽灯的额定功率为 90W，而图 6.34 所对应 LED 灯的额定功率为 12W。虽然这些图对应的三种灯的电功率不同，但是我们可以根据它们各自的

发光效率调整其输入功率。根据现在平均的转换方案，12W LED 灯等效于 60W 白炽灯。基于这样的估算，我们可以将图 6.35 的结果调低到测量值的 66% 来和图 6.34 中 LED 的数据进行等价比较。这相当于将白炽灯的峰值发光强度 108cd 调减三分之一到 72cd，这和图 6.34 中 LED 灯的峰值数据相接近。

　　尽管在输入电功率相同时，它们的峰值功率大致相等，但如果将这里给出的 LID 数据转换为 SFD，则可以看出相当的不同。由图 6.35 可见，白炽灯的 LID 更均匀地分布在三维空间中，是平滑变化的轮廓线，以宽的 LID 范围占据着更大的体空间。这种类型的光通量角分布一般可为物体提供非常均匀、阴影自然的照明，特别是对于曲面物体。它也有利于全方向地照亮大的体空间，因为 LID 曲面上的连续点集都能够为远离光源处的位置点贡献光通量，这种类型的光源能在空间产生更大的光通量积分。

　　与此相比，图 6.34 所示 LED 灯（LED – S1）的 LID 曲面所覆盖的角范围较小，发光强度值在三维空间的变化也有限，在一个小的空间区域内 LID 值几乎保持不变。这种灯的光分布仅有利于照明靠近光源的平面物体。

　　也许现在正是时候通过强调灯的照明特性来进一步理解 LED 照明。为此，我们采用一些成像领域的新发现。B. K. P. Horn 一直努力从像的强度来确定物体形状，他发现"对于给定的照明，物体在图像中的亮度或发光强度分布和它的表面形状有关"[131]。他给出了物体被拍摄在图像中发光强度分布和其表面形状之间的关系。这里，我们为这一理论贡献一个推论：

　　"对于任何有限而且均匀的亮度水平，光源所产生的 LID 与其表面形状有关。"（有限而且均匀的亮度水平意味着，光源由正常大小的光学均匀介质组成。）

　　注意：一个光源的 LID 就是它所产生的照明；也就是说，一个灯的 LID 特征就基本决定了它的照明特性。

　　图 6.34、图 6.35 和图 6.36 给出的三维分布光度数据显示：不同形状的光源，其测得的 LID 也是不同的。这和我们前面的分析相一致。6.5.1 节和 6.5.2 节的测量数据也说明发光源的形状和它所产生的照度水平及其分布有关。本章所给出的模拟、理论和测量结果都一致指出，现在的 LED 灯适用于工作照明和近距离照明。对于环境照明，还无法达到白炽灯或 CFL 所能实现的水平。

第7章

LED 取代白炽灯和直管荧光灯

7.1 概述

在美国，使用最广、最被认可的两种光源仍旧是家用白炽灯和直管荧光灯，它们又分别被称为爱迪生灯或灯泡和直管荧光灯（LFL）。在第 5 章我们提到过，为了减少能源消耗，许多国家正试图在大部分应用领域淘汰白炽灯。对于住宅和商业照明而言，相对于白炽灯，现在的荧光技术可以节省大量能源，但 LED 替换灯已经越来越成为实际的下一代竞争者。

不过，前面几章的研究也指出，LED 灯仍存在技术及其一些本身的局限性。在成功变为客户的首选灯具之前，这些问题必须在很大程度上得到解决。因此，在 7.2 节，为了帮助评估未来家用照明应用的前景，我们首先给出各种家用灯具的成本和能耗的对比。在 7.3 节中，我们聚焦 LFL，因为这一类型的灯贡献着商业照明的大部分工业产值。在 7.4 节，利用第 6 章引入的新概念，我们对直管 LED 替换灯给出一种改进的设计。最后，在 7.5 节，我们比较几种 LED 管灯和 LFL 灯具的测量数据并总结一些结论。

7.2 家用灯具的比较及替换因素

即使在许多已经实施淘汰政策的国家，白炽灯在许多家庭照明中仍在广泛使用。用户被其照明质量和低廉的零售成本吸引。此外，工作的人们在天黑时才在家使用电灯照明，省电不是其考虑的主要因素。随着淘汰的限制越来越严格，这将促使用户选用更节能的灯具。不过，弄清不同照明解决方案在成本、质量、人身安全以及其他环境方面的一些事实必定对用户和照明专家都有好处。

7.2.1 为什么爱迪生发明的白炽灯仍被广泛使用

尽管能效低，但一般的白炽灯泡能够从颜色、光分布和亮度等方面提供非常适宜的环境照明。图 6.35 所示常规白炽灯的 LID 测量数据基本上为其他环境灯树立了照明标准。白炽灯的辐射感觉像太阳；它的颜色、辐射平衡以及由亮变暗的过程都是如此美妙。灯泡周围的所有方向都可产生均匀辐射，合适的灯具可以将光导向需要的地方。

白炽灯不产生眩光，并可以在其整个光度范围内用 TRIAC（双向晶闸管）连续调光直至关断主电源，而这种调光方式仍在许多美国家庭中使用。白炽灯只需要简单地旋入通用灯座，几乎可以放置到任何高度，有个小的灯罩就可安置到房间的任意位置。不像 LFL，需要预埋电气插口和固定的灯室。这些特点都使白炽灯非常适合住宅和某些商业照明应用。

虽然紧凑型荧光灯（CFL）做得也能装入白炽灯灯座，并且也能在很大的角度方向及宽阔的空间范围提供等效的光通量，但是其颜色和光分布特性仍无法满足某些用户的严格要求，他们愿意为白炽灯支付更高的能源成本。尽管 CFL 的技术在改进，但许多用户仍对它的颜色、颜色稳定性以及调光特性不满意。LED 灯也面临着类似的挑战，即达到标准白炽灯的性能。一个附加的壁垒是将光分布到宽的角度方向，以便使光扩展到更大的体空间。不过，在过去的几年中，LED 照明工业取得了空前的进步，而且未来仍有巨大的进步空间。

7.2.2 LED 取代白炽灯的机遇

虽然画家、摄影师和电影导演理解并重视高的照明质量，但是广大普罗大众并非如此。此外，对于快速任务和其他相对持续时间较短的经历，通常对实施高质量照明没有紧迫需求。大量对照明质量要求不高的应用领域，节能更为紧要。对于许多环境和家庭应用，CFL 和 LED 都被认为是现在非常好的照明解决方案。因此，作为白炽灯的替代选项，比较一下 CFL 和 LED 是很有意义的。

CFL 和固态照明工业界都承认，要想成功，需要替换品能够取代美国最流行的 60W 螺口白炽灯泡。在 2010 年底到 2011 年初，在主要零售商店就可以买到与飞利浦和欧司朗喜万年 60W 相当的 LED 替换灯。根据最近发布的消息，等效 100W 白炽灯的产品分别于 2012 年 12 月和 2013 年初上市[132]，并于 2013 年 4 月已经在商店销售。虽然这类产品的成功上市是个重要的里程碑，但是用户是否愿意为其性能花高价大量购买仍是个问题，根据功率不同，灯的标签价格仍高达 30~50 美元。

时间会给出答案，因为一定会有相当数量的用户会购买，他们通过使用会得出结论：和 60W 白炽灯相比，LED 替换品是否满意？是否优于 CFL 节能灯！销售结果也会评估出螺口 LED 灯泡所说的高光效、长寿命和环境友好等优点是否值得用户付出目前的高价。顾客选择和满意度还取决于对 CFL 含汞问题的有效反对以及再循环成本增加了 CFL 的全周期成本。比如，在明尼苏达州，CFL 的再循环成本高达 2 美元。此外，用户也并未确信 CFL 的好处。它们不适合室外照明，启动慢，闪烁，显色指数（CRI）和相关色温（CCT）不佳，通常达不到包装上声称的寿命。虽然这些不足以为 LED 灯提供机遇，但是三种技术之间的竞争看似还将持续一段时间，特别是在美国。

7.2.3　LED、CFL 和白炽灯的节能性对比

也许家庭用户要得出他们自己的结论还需要一定时间。这里，我们对于螺口节能灯、市场上在售的 LED 替换灯和白炽灯的性能和价格方面给出一些比较分析。

市场在售的飞利浦和喜万年 LED 灯可作为替换 60W 白炽灯的主要选项，两者的基本性能非常相近。两种灯都可以调光，在近似 12W 的额定输入电功率下，最大输出约为 800lm。和大多数其他 LED 灯相比，它们的光输出更偏重周围环境，因为两者都是将分立的 LED 灯珠安装在多个斜面而非平面上。最初的零售价格接近 40 美元，但最近价格已经有所降低。与此对应，等效于 60W 白炽灯的节能灯大约耗电 12W，成本低于 5 美元，但不能调光。

虽然飞利浦和喜万年 LED 替换灯和普通 60W 白炽灯的总光通量相近，但是其光分布不像白炽灯那样均匀并各向同性。从喜万年灯泡（见图 6.31a）就可以看到这样的结果，图 6.33a 和 b 是具体的数据对比。飞利浦灯泡的外形不落俗套，这使它在散光特性方面优于大部分传统的 LED 灯泡。它的冠状圆顶盖住安装在垂直倾斜表面上的 LED，使光大都射向四周而非上方或下方（见图 2.8）。因此，它的光分布也不像白炽灯和节能灯那样具有各向同性。两种 LED 灯都采用了新型散热设计，肋片不会遮挡周边环境照明。飞利浦灯泡还有一些附加的突破——它的法国香草色的整体罩壳，这具有让飞利浦值得印在灯壳上的特点"照亮后发出白光"。球体的微黄色是由泡壳内表面涂敷的荧光粉引起的，这层荧光粉将 LED 的蓝光转换为暖白光。

关于色温，两个替换灯的 CCT 都接近 2700K，看起来是相对温暖、微黄的白光，和白炽灯的光色类似。飞利浦 LED 灯泡的 CRI 为 80，和节能灯相当；而喜万年版本的 CRI 为 90。两种 LED 替换灯的额定寿命都是 25000h，这方面远远超过节能灯。LED 灯更突出的优点是不容易被打碎，而且既不含汞也不含铅，比节能灯更为环境友好。

对于美国最常用的 60W 白炽灯泡，LED 替换品现在的价格仍高得离谱。从长期看，它的技术优势能否为用户省钱呢？虽然尚无定论，但用 2010 年以来的典型数据，表 7.1 给出的比较分析可以为你的思考提供依据。

表 7.1 是基于 11.45 美分/kWh 的电价给出的[133]。结果显示，LED 灯比白炽灯省钱，但并未优于节能灯。尽管需要实验的支撑，假定 LED 灯在所预测的 22 年寿命中都工作良好的话，LED 灯的统计结果就比较突出。而在另一方面，如果烧坏一只 LED 灯，摘除或安错了地方，则短期损失大约为 40 美元。最后，如果哪种

灯是批量购买、拿到折扣，则表中数据会发生明显变化。

表 7.1　一般家庭环境照明灯长期成本比较数据

灯泡类型	寿命/h	功率/W	前期成本/美元	平均每年成本/美元（全开）	每年电费/美元	每年总成本/美元	平均灯成本/（美元/年）（每天开灯 4h）
LED 灯	25000	12	40	14.03	12.04	26.07	4.35
CFL	15000	12	4	2.34	12.04	14.38	2.40
白炽灯	800	60	0.5	5.49	60.18	65.67	10.95

由于荧光灯技术给家用以及许多商业照明应用提供了很有价值的选项，切记替换 LED 灯带来的电能和成本节约对比情况不能仅针对 LED 灯和白炽灯。有时，二氧化碳减排量就是基于这种片面对比，即选用替换 LED 灯对比白炽灯有 75% ~ 80% 的节能效果[97,134]，因为荧光灯已经在全球广泛应用，节能和温室气体减排量并不像通常预测的那样乐观，除非能证明 LED 技术远比荧光灯技术高效。尽管如此，LED 技术在更接近理论极限的效率和更高成本的不断平衡中仍会进步。

7.3　为什么荧光灯在商业照明中应用广泛

直管荧光灯（LFL）在商业照明中有广泛应用，是全世界照明应用的主力军。根据国际能源署（IEA）2005 年的研究，每个人商业应用的平均照明消费和能源消费分别占全球总照明消费的 44% 和 40%，是照明工业在两个类别中的最大占比[135]。工业照明在照明消费中排第二位，为 28%，而工业照明的能源消费仅为 20%，排不到第二，因为尽管住宅照明消费仅占照明总消费的 14%，但能源消费部分却占到了 30%[135]。

IEA 的同一研究还指出，2005 年，LFL 占每人照明总消费的 57%；其他用于住宅、室外、工业及商业应用的还包括：白炽灯占 9.5%，卤钨灯占 2%，CFL 占 4.5%，高压放电（HID）灯占 27%，这些构成了整个的照明工业。商业照明占据了 LFL 总用量的 57%，其他应用分别为：工业 32%，家用 11%。在商业和工业照明行业，LFL 分别占据照明总消费的 74% 和 62%。毫无疑问，所有这些数据都说明 LFL 具有非常广泛的应用，特别是在商业照明领域。IEA 预测，虽然 LFL 在照明工业中的应用开始下降，但直至 2030 年仍将超过其他灯具占据着主导地位。预计使用量会逐渐减少，因为灯具效率的提高增加了未来 LFL 所产生的总光输出；房屋和照明设计改进，利用日光及控制系统，以及引入其他技术也都会带来使用量的降低。

7.3.1　直管荧光灯的特性和优点

现在，让我们看一下为什么 LFL 如此实用。在商业和工业环境中，需要在宽大的体积空间内提供长周期、全天的各种基于任务的照明。由美国能源情报署（EIA）完成的一项研究表明，在一些场合，照明是许多美国商业场所最耗电的应用，这包括学校、医院、办公场所以及许多零售和服务建筑。1995 年 EIA 的商用建筑能耗调查发现照明在各种商业应用中占据非常重要的份额，见表 7.2。

表 7.2　商业建筑中照明用能源消费

商业领域	总电力消费中照明的占比（%）	照明的电力消耗/亿 kWh
零售及服务业	59	87
教育	56	36
办公	44	86
卫生与健康	44	27
食品服务业	30	15

注：1. 数据源自 EIA，1995 年调查。

　　2. 电力密度（kWh/ft²）⊖随类别变化；电力成本也随类别变化，并与总使用量相关。

由于其尺寸大，比其他荧光灯及气体放电灯光效高，对上述领域的大多数应用，LFL 都是现在最合适的。在第 5 章 5.3.2.3 节，我们主要讨论了现在替换用的 LED 直管灯还不适用于高顶棚的大空间照明。正如我们在第 6 章所解释的，和许多发光面小、分立、平面发光的 LED 替换品光源相比，曲面的大光源更容易在远离光源的各空间点获得更高的光通量积分。虽然某种型号的 LFL 和一些 LED 灯的总光通量输出也许相同，但是对于所关注的照明空间，由 LED 替换品所产生的照度水平一般不同。通过使用能够在整个所需要的体空间内消耗单位电功率产生最均匀光通量的灯具，可以实现能效最高的照明。从这个角度来说，对于大多数应用，LFL 更胜一筹，而且它们也比 LED 替换品成本低得多。

7.3.1.1　直管荧光灯的能效

为了努力减少前述各种应用的大量电能消耗，多年来，灯具工程师一直在改进 LFL 的效率。这种改进经历了三代 LFL，灯管直径也越来越细。在 20 世纪 30 年代，第一代从 1.5in⊖（38mm）T12 灯管开始，接下来第二代（1978）和第三代（1995）分别推出 1in（26mm）和 5/8in（16mm）的 T8 和 T5 灯管[137]。直管的分级用 T 和一个以 1/8in 为单位的灯管直径数字表示。因此，T5 灯管的直径为 5/8in，T8 灯管直径为 1（8/8）in，而 T12 灯管直径为 1.5（12/8）in。三种灯管中，T5 荧光灯的光效最高，达 85 ~ 100lm/W；T8 和 T12 灯管的光效分别降低至 75lm/W 和 60lm/W[138]。

　　⊖　1ft = 0.3048m。

　　⊜　1in = 0.0254m。

　　不同类型的 LFL 需要有自己的电气输入条件。因此，为了避免安装时出现电路不匹配引起的灯管烧毁或损伤，每种灯都设计成特定的长度和插头连接规格。T5 灯管用最小的双脚插座，与使用中等双脚插座的 T8 和 T12 灯管相比，管脚间距更小。为了避免在旧式灯具中替换进 T5 灯管，其长度做得比 T8 和 T12 灯管短。比如，4ft T5 灯管的额定长度是 45.2in，而 T8 和 T12 灯管长是 47.2in。替换的话需要用适配器并更换灯具内部的镇流器[139]。

7.3.1.1.1　直管荧光灯用镇流器

　　所有的荧光灯都需要镇流器来限制流经灯管的电流，因为它们相当于具有负微分电阻的负载，也就是说在恒定电压下其阻抗不断降低，引起电流无限地增加。如果没有镇流器，灯管中的电流将增加到毁坏性的水平，导致灯管很快损坏。荧光灯主要使用两种镇流器：电感式和电容式。在大功率灯中，许多电感镇流器常使用大尺寸的电感，偶尔也用电容和变压器提供限流和启辉功能。这种镇流器会产生较大量的热以及工频嗡嗡声。而电容式镇流器价格更高，使用半导体微电子集成电路提供所有的功能而不产生多少热量和噪声。电容式镇流器工作在更高的频率、能效更高，长期来看更为省钱[140]。图 7.1 所示是一个供两支 4ft T8 LFL 用的电容式镇流器的照片。图 7.2 则是两支 32W LFL 安装在灯架上的照片，灯架使用了图 7.1 所示的镇流器。

图 7.1　安装两支 4ft T8 LFL 用灯架或灯室所配电容式镇流器的照片。
25 美分硬币用于提供尺寸参考

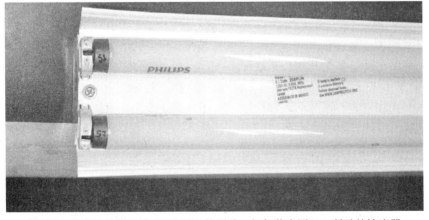

图 7.2　灯架上安装两支 32W LFL 的照片，灯架装有图 7.1 所示的镇流器

荧光灯用的先进电容式镇流器也可实现调光,并可通过 DALI、DMX512、DSI 等网络进行远程控制[141-143]。为了适合各种不同应用,同时以最低成本获得最大能效,有几种不同启动原理的荧光灯镇流器可供选择。接下来我们给出具体的讲解。

7.3.1.1.2 瞬时启动

正如其名字所表明的,不加热阴极,通过施加一个很高的电压(约 600V),瞬时启动镇流器能够瞬间快速点灯。它在各种类型的镇流器中能效最高,但启动次数严重受限。每次开灯,施加的高电压都从冷阴极表面溅射出氧化的材料,会减少灯的使用寿命。这种类型的镇流器最适合灯的开启时间长、开关不频繁的应用。

7.3.1.1.3 快速启动

与瞬时启动相比,快速启动镇流器消耗稍微多一点儿的电能,但获得更长的灯管寿命和更多的开/关次数。它不用冷启动,而是在加热阴极的同时,给灯施加较低的电压。这种镇流器适合添加调光电路,在灯电流调控过程中维持有加热电流。

7.3.1.1.4 可编程启动

可编程启动镇流器是先给灯丝提供一定功率,将阴极预热。预热后,再给灯施加电压引弧点灯,因此是顺次而非同时动作。这是更先进的快速启动镇流器,能实现最长的灯管寿命和最多的启动次数。因此,特别适合用于需要非常频繁开关的应用场景,比如卫生间。如果配合运动探测开关或占用传感器,使用这种镇流器的灯能实现进一步的节能。

为了有效节能,LFL 技术已经在灯管、灯具和镇流器设计等方面取得巨大改进。节能效果不仅仅来自使用能效更高的器具,也可通过减少灯的工作时间来实现。因此,为特定应用选配最合适的镇流器,引入红外、超声运动传感类的自动控制以及日光收集器等大大增加商业应用的节能效果。最后,因为电容式镇流器工作时发热更少,所以也将有利于减少空调制冷的能耗。

7.4 替换用直管 LED 灯的开发

LED 照明业界的许多制造商认为生产替换 LFL 的 LED 灯是一个商机,有望获取这个巨大市场的重要份额。在过去的几年中,大量制造商一直在宣传,相对于 LFL,直管 LED 替换灯具有寿命长、易于维护和安装等优点,而且在同样照明质量的前提下更加节能。不过,一般来说,工业界仍缺少第 4 章所讨论的综合量化照明评估实践。因此,这些宣传用语并未通过适当的测试结果予以确认。

7.4.1 美国能源部对直管灯具的 CALiPER 测试

在第 4 章 4.4.3 节我们讨论过,由一些独立而且经过认证的实验室进行细致评估非常重要。这些实验室也需要全面表征并精确比较现有灯管和 LED 替换灯的特性。在 2010 年和 2011 年，美国能源部与一些独立的测试实验室合作，对来自不同厂家的多种 LED 替换灯进行了测试，并将测试结果与某些相应的基准 LFL 进行了比较。这些测试属于 SSL CALiPER 计划的第 11 和 12 轮，目的是尽可能维持灯管参数的相似性[144, 145]。测试结果表明，尽管在过去的几年中 LED 技术及在售产品都取得了重要进步，但不同产品和不同厂家之间存在较大的质量差异，甚至有些厂家的声称值和实际产品性能之间也有很大差异。

出现这种情况的原因是快速发展的 LED 照明工业尚未成熟，许多厂家常常未对指定的应用及其可靠性要求进行完整的设计，因此根本不适合它所针对的用途。因此，负担就落在了采购商和采购员的身上，他们必须掌握通过正确的测试来评估和比较产品所需要的知识。对采购员来说从 LED 灯珠或灯具厂家获得合格的 LM－79 或等效的测试报告也非常重要。

在第 11 和 12 轮测试中，按照 LM－79 的测试步骤，测试了数种 4ft LED 替换灯，并与几个高性能 T8 LFL 的特性进行了比较。这些测试表明，虽然有时 LED 替换灯有更高的光效 74～78lm/W，每个以（荧光灯）额定值一半的输入功率产生（荧光灯）额定值一半的总光通量。这并不奇怪，因为现在直管 LED 灯的表面并不像荧光灯那样整体都发光。相邻的 SMT 分立模组之间需要有相当的间距，LED 灯最多只有一半的表面发光[146]。

图 7.3 是市场上典型直管 LED 替换灯的示意图，灯表面上至少有 50% 的面积不发光。假如 LED 和荧光灯的效率和功率因数相似，即使将 SMT LED 布满灯管周围，而非只是半球空间表面，它也只能产生荧光灯一半的光通量。即使将直管 LED 灯上半球空间的光有效收集起来、导出灯罩并射向周围环境，上面的结论也依然成立。

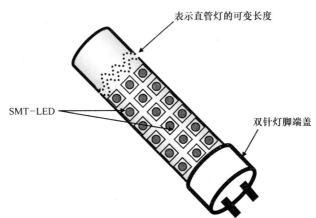

图 7.3　目前在售的典型替换荧光灯用 LED 灯示意图。如图所示，现在的替换灯将 LED 光源直接布置的灯的表面，并在临近的 SMT 模组之间保留一定间隙

CALiPER 测试还显示，效率高的 LED 灯有稍微差一些的颜色特性。和 LFL 相

比，大多数被测 LED 灯都显示有更低的 LID 强度、更不均匀、角度覆盖率也更小。即使放在号称"高性能"灯罩的非抛物面灯罩中，这种情况也存在。这种灯罩可以使 LFL 的光分布显著变窄，偏离其原有的"蝙蝠翼"状宽分布。不过，在大部分实际应用中，非抛物面产生的窄 LID 都没什么用处，因为与强而窄的 LID 相比，宽而且均匀的 LID 更为有效。因此，在许多情况下，仅仅为减少 LED 替换灯和 LFL 之间 LID 角度的差异而专门设计非抛物面灯罩也不现实。角度分布主要影响着灯具间隔的标准。

CALiPER 的测试证明，LED 替换灯的性能仍不如 LFL。特别是在光分布特性方面，LFL 的设计对大尺度的体空间照明特别有效。正如我们在前面第 5、6 章所讨论的，现在 LED 灯产品的不足之处在于它们是由小的、一颗颗分离的、有指向性、平面发光的器件构成，而且缺乏合适的二次光学设计。这带来两方面缺陷：①LID 低；②LID 聚集在一个小的区域。这两个结论都在 CALiPER 的测试结果中得以证实。

如果无法将 LID 有效扩展到 LFL 所达到的水平，LED 替换灯就不会成为首要选项。LED 阵列本征地在接收面上产生相对聚集的光，在远离光源的表面或区域无法形成有效的光通量叠加来提高照度。结果是，尽管具有更高的单位亮度和单位发光效率，但无法在远距离的大区域内形成有效照明。降低灯具之间间隔的标准通常也不是个好的解决方案，这只能使 LED 固有的眩光问题更为突出。

7.4.2　一种取代直管荧光灯的新型 LED 灯具设计

如果在具有高光效、长寿命和良好颜色质量的同时，能够提供合适的发光强度以及 LID，LED 替换灯完全可以战胜现有光源。在第 6 章，我们引入了斜面波导的概念用于拓宽各分立 LED 灯的发光。在这里，我们将这个概念用于直管 LED 灯具结构，设计一个在照射角度和 LID 均匀性方面和 LFL 相当，同时提供很好的被动散热管理方案，能大幅度延长灯的寿命。

7.4.2.1　新型 LED 替换灯的特性和优点

现在，许多基于 LED，用于替换 LFL 的灯管是直接将分立的 SMT LED 贴装在一个圆柱形基底上，这将产生不经济、不均匀而且有指向性的照明，不适合大空间、高屋顶内的应用。当分立的 LED 模组环绕整个管面时，就更为浪费，因为处在上半柱面 LED 所发出的光直射向了顶棚。这里给出的 LED 灯新型设计[119]由安装在共同基底上的多个分立 LED 构成，理想情况是每个 LED 发出的所有光线被立即导入一个足够长的斜面波导实现展宽。波导的输出端紧贴在灯的半圆柱形罩壳表面上。

多个这样的 LED - 波导块组合起来就可以填满整个弯曲的灯罩并产生扩散的光分布，像在第 6 章所介绍的那样，在很宽的角度范围内产生均匀照明。所提议灯管的截面是 D 形的，平的一面用来作为散热器的基底，安装在屋顶或垫块表面上，由此实现有效的被动散热管理，从而大大延长灯管的使用寿命。

图 7.4 是这种灯完整外部结构的三维示意图。图 7.5a 是沿灯管长度方向的截面图，用来展示灯罩内部和波导串在一起的 LED；图 7.5b 是将灯管端头部分放大的示意图。最终，图 7.6 中，灯管的二维截面图重点展示了每个斜波导端面与灯的曲面罩壳内表面紧密贴合。需要指出的是，在波导外表面的圆柱形状恒定不变的情况下，多模波导的芯可以是逐渐变宽的。

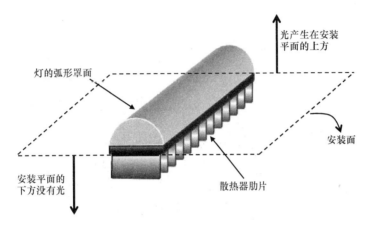

图 7.4　放在安装面上的，新型管灯的外部结构图。灯只在安装面上部的半球空间一侧发光，另一侧的空间留给模压或挤压成形散热器

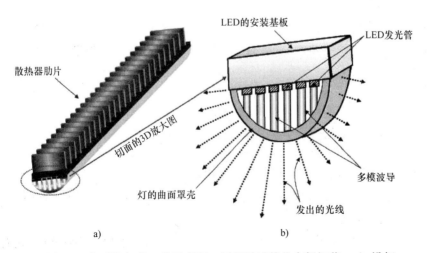

a)

b)

图 7.5　新型管灯的三维示意图，用以展示某些内部细节：a) 沿灯一端的截面图，LED 上串接有波导；b) 从端面的放大图可见，多模波导一端连接 LED 灯珠，另一端和灯罩贴合在一起

刚刚描述的设计概念使用现在应用广泛的无机 LED，这种器件体积小、平面结构，而且是单色的，比如安装在平面基板上的蓝光 LED。新设计采用光电子工业常见而且成熟的技术，产生一般 LED 灯所无法实现的高均匀和更宽的角度分布。斜波导能提供均匀、广角的光输出，而且在表面上不产生任何暗斑。甚至，它还可以将荧光粉和 LED 隔离，涂布在灯的表面上产生具有所需颜色特性的白光。该设计真正的灵活性在于，任何 LED，裸片、模组、白光、单色（即红、蓝、绿等），甚至 OLED 都可以用作为光源。

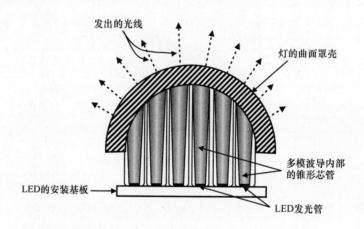

图 7.6　新型管灯的二维截面示意图，展示分立的 LED 上串接一个锥芯多模波导，其端面与灯的曲面罩壳内表面紧密贴合。预期这种灯可以在灯曲面上的点线箭头所示的辐射方向产生均匀的光分布

现在大部分直管 LED 替换灯都是管状的，模仿 LFL 的外形。但这并不必要。尽管 LFL 需要基于气体放电机理，利用整个柱体结构产生有效发光，但 LED 不需要使用整个柱形结构。一般来说，LFL 安装在天花板上灯架内适当形状的反光罩内（见图 5.16），将向上发射的无用光反射下来照明大的房间。因为 LED 灯不需要整个管状或圆柱结构，通过设计，可以使所产生的光只指向天花板以下的空间。因此，平顶半圆柱（即灯具有 D 形横截面）即可有效照亮天花板下面的区域，无需为反射罩设计凹槽。于是，新型 LED 灯设计，可以采用半圆或半球横截面（即半圆柱管状就有了一个不发光的平整表面）。平的一侧朝向天花板，适于安装在较大的散热器上，实现有效的热管理。如果灯或灯具中使用了大量大功率 LED 阵列，好的热管理尤为重要。

根据第 6 章给出的理论和模拟，这里所给出的设计概念有望提供比现有 LED 替换灯更加均匀而且没有眩光的照明。只要 LFL 和 LED 替换灯的发光效能仍处于相当的水平，我们仍需要两只这样的半圆形 LED 灯取代一只 LFL 产生相同的总光通量输出。不同在于，大部分 LED 改装灯也需要两只灯才能和一只 LFL 的总光输出匹敌，我们所建议的对灯，在光照均匀性和广角的光分布方面也能和 LFL 媲美。更进一步，如果未来单个 LED 的光效翻倍，只用一只所建议的灯管、一半的输入电功率就可以产生和 LFL 同样的总光通量输出以及宽广的光分布。

另一方面，只要 LED 替换灯仍旧使用分立的 LED 灯珠，在灯管结构表面留有暗区，光效的增加将仅仅达到或超过同等体积等效 LFL 的总光通量输出，而无法比拟 LFL 所带来的光分布特性。即使板上芯片（COB）或其他类似的技术用于减少 LED 灯珠间的间隙，没有任何合理的二次光学，平面灯珠也将只能产生更多眩光和窄角光分布。

7.4.2.2　克服新型 LED 灯具制造中的挑战

正如在第 6 章所讨论的，要实现斜面波导或等效的光管，也许还需要一些端面衍射光学元件，所建议的新型管灯的制造也许会面临一些制造方面的挑战。但多模塑料、聚合物或 PMMA（聚甲基丙烯酸甲酯）波导，以及用于 LED 和垂直腔表面发射激光器（VCSEL）的光管早已在多年前就已经是商用化了的光学元件[147]。因此，应该可以利用这些无源光学平台来进行开发，满足第 6、7 章所引入的 LED 替换灯的设计需要。

7.5　各种管形灯具测试数据的对比

在这最后一节，我们将研究对几种 LED 和 LFL 性能的测量结果，分析它们的相似性。要针对各种应用，评估 LED 替换灯的全面质量和合格性，需要同时运用相关的光度测量及合适的比较标准。在 7.4.1 节中所讨论的美国能源部 CALiPER 就恰当地总结了采购商和采购人需要掌握的知识，即对于指定应用，灯的什么参数和量化基准是重要的，因为现在 LED 厂商所提供的额定值并不总是精确或全面的。本节的测量数据分析试图为 LED 工程师、照明设计师和用户针对 LED 替换灯，在重要的照明参数和基准方面提供一些指导。

7.5.1　直管 LED 替换灯具和直管荧光灯具被测样品的描述

为了比较其照明特性，针对在售的 4 种 LFL 和 10 种商品化的 LED 替换灯进行了各种光度测量。所有灯均为 4ft 长的 T8 灯管，但 LED 样品有不同的额定功率和颜色。这是不可避免的，因为 SSL 替换灯仍缺少标准。表 7.3 给出了由 14 家 T8 灯管制造商所提供的额定值。表 7.3 包含 4 种在售的 T8 荧光灯（LFL - S1 ~ LFL - S4）和 10 种 T8 LED 替换灯（LED - T8 - S1、LED - T8 - S2 以及 LEDGREEN - T8 - S1 ~ LEDGREEN - T8 - S8）。图 7.7 是 2 只 LFL 和 2 只 T8 LED 样品放在一起的照片。图 7.8a 和 b 是 2 种荧光灯和 10 种 T8 LED 替换灯分别在点亮和非点亮时的照片。

表 7.3　LFL 和 LED 替换灯的厂商技术规格

T8 灯	灯制造商	CCT/K（额定）	总光通量 /lm	输入电功率/W	交流输入电压/V
LFL – S1 和 LFL – S2	飞利浦	5000	2850（每灯）	32（每灯）	120
LFL – S3 和 LFL – S4	飞利浦	4100	2800（每灯）	32（每灯）	120
LED – T8 – S1 和 LED – T8 – S2	LEDTRONICS	4100	1417（每灯）	17（每灯）	90 ~ 290
LEDGREEN – T8 – S1 和 LEDGREEN – T8 – S2	LEDGREEN	5500	2250（每灯）	22（每灯）	110 ~ 277
LEDGREEN – T8 – S3	LEDGREEN	5000	1650	15	110 ~ 277
LEDGREEN – T8 – S4	LEDGREEN	4000	2000	22	110 ~ 277
LEDGREEN – T8 – S5 和 LEDGREEN – T8 – S6	LEDGREEN	5000	1750（每灯）	15（每灯）	110 ~ 277
LEDGREEN – T8 – S7 和 LEDGREEN – T8 – S8	LEDGREEN	5000	2100（每灯）	22（每灯）	110 ~ 277

图 7.7　LED – T8 – S1/S2 灯对（上图）和两个飞利浦 LFL（下图）在同一种亮通灯罩中点亮的照片。对于 LED T8 管灯，背面的镇流器已移除

　　LED 替换灯样品支持覆盖不同国家所使用的主要电压规格范围，因此这些灯全球通用。在售荧光灯 LFL – S1 ~ LFL – S4 成对安装在在售的灯架上，灯架上装有图 7.1 所示的电容式镇流器。LEDTRONICS 样品也用了同样灯架，但拆除了镇流器，并根据厂家的电气输入需求更改了接线。图 7.7 是两个荧光灯和两个 LEDTRONICS 的 LED – T8 灯点亮时的照片，所用的都是市面所售亮通公司生产的灯架。这种灯架可装入天花板上的灯槽中。LEDGREEN 的 T8 样品都需要自己定制的驱动器和灯架，有些是需要区分极性的。

7.5.1.1　用 LED 灯替换现有荧光灯具的灯管

　　LFL 的灯架和灯槽已经在建筑里存在了几十年，专业电工很熟悉它们的维修和需求。而 LED 替换或翻新灯不应该直接使用镇流器（也就是荧光灯用的整个灯架）或根本不用镇流器，用户和 LED 灯制造商都在安装以及工程方面面临挑战。设计

a)

b)

图 7.8　a）一对飞利浦 LFL（上图）和所有 10 种 LED – T8 样品用美国主要的 120V 交流电源，在相应的灯架上点亮的照片；b）图 7.8a 所有灯的照片，但未施加任何电功率，因此是未点亮的。一对飞利浦 LFL – T8 位于图片上方，接下来是其他 10 种 LED – T8 样品。最下面的一对是 LEDTRONICS 的 LED – T8 – S1/S2，安装在通亮灯架中，灯架背面的镇流器已拆除

师和制造商必须为直管 LED 替换灯提供合适的固定夹具和安全的电气连接，使安装工人可以轻松完成替换工作。

　　由于现在大部分灯槽里都有荧光灯镇流器，其输出连接到管灯安装插座上。SSL 制造商使用的改装方法各种各样，尚无统一的标准。这些方法包括：用荧光灯镇流器给灯供电；用内置驱动器供电；用外部驱动器取代镇流器并在灯架内重新接线或者将灯安装在单独的插座上供电。作为现在工业界的惯例，本研究中测试的所有 T8 LED 灯都需要从灯架上拆除镇流器并重新接线。这样，主输入电压可以通过

灯管一端的一个电极针传导到另一个电极。我们发现，有些替换灯的厂商提供了线路改装和安装的示意图，而另一些则只提供了灯架改线要求的简要描述。图 7.9 是 LED T8 灯的外部驱动器以及图 7.1 所示亮通公司所产灯架上的镇流器。

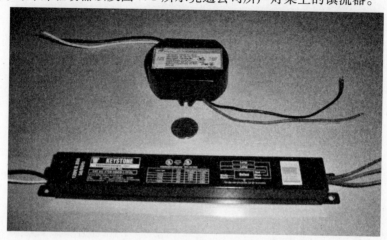

图 7.9　LEDGREEN T8 替换管灯用的外置固态驱动器（上）；下面是 4ft LFL – T8 用亮通所产灯架上配的镇流器。25 美分硬币用于提供尺寸参考

如果拆除镇流器并用外置 LED 驱动器来代替，或者为 LED 灯直接连接到 120V 交流电压上进行线路改造，则灯架就不再适用于荧光灯。因此，用户对所替换的 LED 灯满意，不担心会改变决定非常重要。当然，围绕用 LED 灯具改装荧光灯架或灯槽的挑战还带来以下方面的考虑：成本、安全性、方法、指示标记、改装费以及更换后灯的维护，包括再次更换和回收等。

7.5.2　T8 灯的照度数据对比

在两个不同的高度，对表 7.3 中给出的一对直管 T8 灯测量了灯架上方的照度分布。这些测量的目的是观察：①由一对管灯产生的照度水平；②沿灯的方向在位置空间的近场分布。图 7.10 和图 7.11 分别是高 2.4ft 和 3.4ft 处，灯对的照度测量值。

正如我们在图 7.10 中所看到的，与荧光灯相比，较亮的 LED T8 样品（四对中的三对）有相当部分的光集中在灯的正前方。由 LEDGREEN 样品所见，LED 越亮、光越向中间集中，在数英尺的近距离，它比其他样品的照度水平高得多。阵列 LED 光通量向中心聚集的现象我们在第 6 章给出的模拟结果中看到过。当时，用 2 个 LED 演示了在靠近光源面的探测器中心出现强的或称会聚的光。

当大量分立发光器件安装成二维阵列时，由于对称性，在近场分布中，所有 LED 的发光都对中心处有贡献或者说相对集中在中间。而另一方面，LFL 近场光分

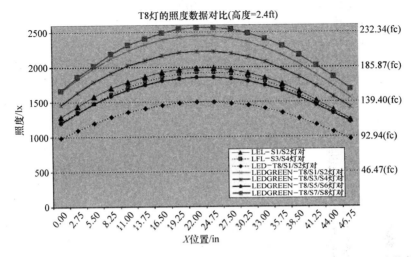

图 7.10　用柯尼卡美能达 CL – 500A 照度计测量 14 个直管灯样品 2 只一对形成的照度数据。在灯正上方距离 2.4ft 处，具有较多颗粒并且较亮 LED 的 LEDGREEN T8 样品在中间部位形成了比荧光灯更亮的集光带。左侧的 X 轴 0 位对应于灯对的一端。纵轴左侧和右侧分别给出了以勒克斯（lx）和呎烛光（fc）⊖为单位的数据

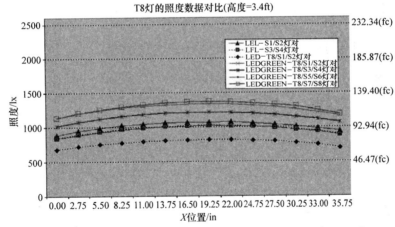

图 7.11　用柯尼卡美能达 CL – 500A 照度计测量，灯正上方距离 3.4ft 处，14 个直管灯样品 2 只一对形成的照度数据。使用较亮 LED 的 LEDGREEN T8 样品给出了比其他灯对更高的照度水平，但它们在中部形成的集光分布比图 7.10 中所示结果有所减轻。左侧的 X 轴 0 位距离灯对的一端大约为 6in

布在靠近灯的地方聚集程度较低，因为在沿灯具方向，这些灯具有更均匀的光通量分布、覆盖更宽的角度范围。在更远的距离或更高位置处，这时，更亮的 LED 替换灯在中心的聚集程度有所减轻，见图 7.11。这种中心光聚集程度降低的现象在第 6 章图 6.9 ~ 图 6.11 给出的数值模拟结果中也能看出。

⊖　1fc = 10.76lx。

7.5.3　T8 灯的亮度数据对比

用柯尼卡美能达 CS – 100A 对所有 14 种 T8 灯管的亮度都单独进行了测量。LFL 的亮度数据简单、可重复，而且可以认为是精确的，因为灯的发光面是连续的而且产生均匀的角度光分布。相反，获得 LED 的亮度数据则显得更为困难，因为在分立的 SMT LED 之间是暗区，暗区尺寸与 LED 大小差不多。虽然试图通过准确聚焦 LED 来将误差减少到最小，但是测得的亮度值仍旧存在与此相关的不精确性。尽管如此，误差应该小于 15%，而且数据仍旧提供了与眩光有关的量化信息，而对于 LED 替换灯来说眩光是很容易注意到的。14 种灯的亮度数据如图 7.12 所示。

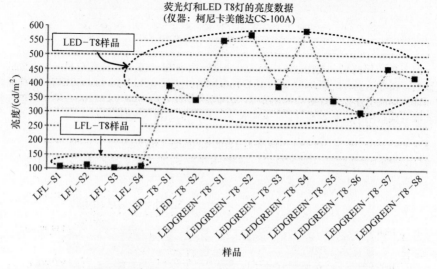

图 7.12　用柯尼卡美能达 CS – 100A 对 4 种 LFL 和 10 种 LED 直管灯样品测量亮度水平。LFL 数据应该足够精确，但 LED 数据仅表示每个灯的一些平均亮度值，可以认为是其最低亮度水平

应该特别指出的是，对于那些一颗颗 LED 阵列显示在外面，可以直接看到的 LED 替换灯，其真实的亮度水平是无法严格表征的。对图 7.12 中的每个测量点仅表示特定灯的某些平均值，可看作是从数英尺的距离处观察时的它的亮度最小值。基于这些，可以说：当从几英尺的距离观察时，大部分 LED T8 灯管的亮度水平都超过了 $200 \sim 330\text{cd/m}^2$ 的舒适水平。这会出现问题，因为对于许多应用，观察者是会出现在这些灯的附近的。相比之下，当 LED 灯用于广告牌或其他类型的电子信息屏（EMC）时，一般观察距离在 $50 \sim 500\text{ft}$ 之间。尽管如此，研究仍显示 LED 电子信息屏和广告牌的亮度不应该超过 350cd/m^2[148]。

现在似乎对任何灯的亮度上限都没有任何限制。因此，随着技术改进，许多 LED 灯制造商仍尝试通过使用更新、更亮的 LED 灯珠来提高其灯具的性能。如果不改进光的分布特性，这将产生不利于裸眼观察的过高亮度水平。对于 LED 替换灯，使用半透明灯罩将只会降低灯具效率继而减少能效参数，因此不是有效的解决方案。看起来，在不远的将来将会通过一项安全或质量标准也许对通用照明用灯的亮度水平给予限制。与这类担心相关的类似标准是关于适用红光 LED 的汽车背灯或尾灯，它们常常过亮从而给后面的驾驶员带来不适。

7.5.4　T8 灯的色度数据对比

管灯样品的颜色特性是用柯尼卡美能达 CL – 500A 或 CS – 100A 测得的。每个灯的 CIE（x，y）坐标和亮度测量值见表 7.4。表中也给出了灯对的 CRI 测量值。

表 7.4　LFL 和 LED 替换灯样品的色度测量数据

测量日期：2012 年 10 月 15 日	CS　100A 数据			测量日期：2012 年 10 月 13 日 2012 年 10 月 14 日
	亮度/（cd/m²）	色度		CL – 500A 数据
样品		x	y	CRI（Ra）
LFL – S1	106	0.345	0.361	82
LFL – S2	112	0.345	0.362	
LFL – S3	102	0.381	0.387	82
LFL – S4	109	0.383	0.388	
LED – T8 – S1	390	0.386	0.396	69
LED – T8 – S2	340	0.381	0.385	
LEDGREEN – T8 – S1	550	0.325	0.361	70
LEDGREEN – T8 – S2	570	0.326	0.349	
LEDGREEN – T8 – S3	390	0.301	0.353	74
LEDGREEN – T8 – S4	583	0.377	0.384	
LEDGREEN – T8 – S5	340	0.356	0.353	74
LEDGREEN – T8 – S6	300	0.336	0.356	
LEDGREEN – T8 – S7	453	0.333	0.381	74
LEDGREEN – T8 – S8	422	0.332	0.384	

光谱分布数据是将两只灯组对，用柯尼卡美能达 CL – 500A 测得的。图 7.13 所示是 LFL – S3/S4 和 LED – T8 – S1/S2 灯对的数据图。图 7.14 所示是 LFL – S1/S2 和 LEDGREEN – T8 – S5/S6 灯对的数据图。为这些比较所进行的灯对组合是按照两个灯具有大致相同的 CCT 特性以及在探测器上的光通量水平确定的。

图 7.13 所示 LED – T8 – S1/S2 的光谱分布说明它们具有较暖的 CCT 特性（额定 4100K），各光谱分量比较均匀地分布在整个范围内，蓝色峰值与暖色峰值具有近似同样的水平。用类似的判断，图 7.14 中 LEDGREEN – T8 – S5/S6 灯对的光谱

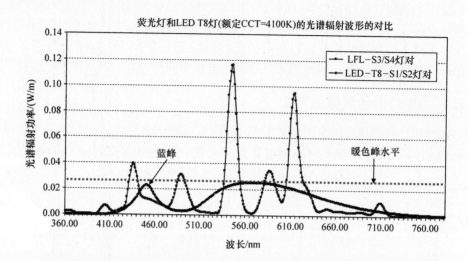

图 7.13 LFL–S3/S4 和 LED–T8–S1/S2 灯对的光谱特性，由柯尼卡美能达 CL–500A 测得。与暖色峰值水平相比，LED–T8 灯对样品的蓝峰并不突出，因此色温为 4100K 的暖 CCT。本图中暖色峰水平用虚线表示

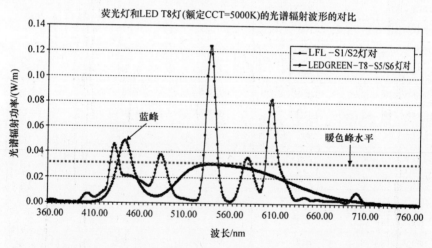

图 7.14 LFL–S1/S2 和 LEDGREEN–T8–S5/S6 灯对的光谱特性，由柯尼卡美能达 CL–500A 测得。与暖色峰值水平相比，LED–T8 灯对样品的蓝峰相对突出，导致色温为 5000K 的高 CCT。本图中暖色峰水平用虚线表示

特性显示其蓝色峰值明显高于暖色，导致比图 7.13 中的 LED–T8 灯对更高的 CCT（额定 5000K）。从表 7.4 可见，这对 LEDGREEN 灯的 CRI 测量值比 LED–T8–S1/S2 要高，这是由于前一灯对在整个波长范围内都在探测器上产生了更高的光谱功率辐射水平。

7.5.5　T8 灯的分布光度数据对比

从前面的讨论我们已经了解到，现在的 LED 替换灯不能产生和传统光源一样广角而且均匀的光分布。通过测量灯在整个三维空间的 LID，可以最清楚地说明这个缺点。在第 6 章的图 6.34、图 6.35 和图 6.36 中我们分别给出了 LED、白炽灯和紧凑型荧光灯的三维 LID 图形，单位为坎德拉（cd）。在第 4 章中讨论过，这类数据的测量过程非常耗时、费钱，特别是对于这种 4ft 长的 T8 LFL 及其 LED 替换品。

为了辨别现在某些 LED T8 替换灯和 LFL 的光分布特性，现在我们给出 3 套 T8 管灯的三维 LID 数据测量结果。我们将通过图 7.15 ～ 图 7.17 所给出的 LID 数据来将两套 LED T8 灯（即 LED – T8 – S1/S2 及 LEDGREEN – T8 – S1/S2）和 LFL – T8 – S3/S4 进行一下对比。这三套灯都是在 23℃ 室温、预热 1h 待灯稳定后测量的。

图 7.15 用 XYZ 空间坐标系给出了 LED – T8 – S1/S2 灯对的 LID 测量数据（单位为 cd）。待测样品位于 XYZ 坐标系的中心，朝向 Z 轴负方向，LED 发光面与 XY 面平行。

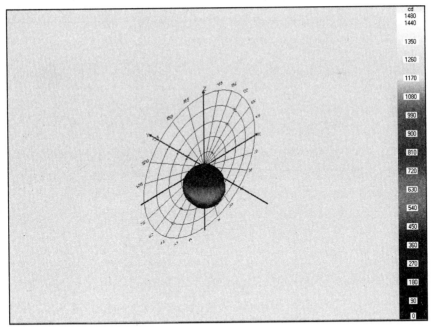

图 7.15　用 RiGO – 801 系统测得的 LED – T8 – S1/S2 灯对的 LID 数据。三维图给出了灯的发光强度在 XYZ 空间坐标系中的分布，并只在 XZ 平面标注了角空间的刻度。所有光分布均位于灯前面的半球，LID 轮廓近似于朗伯体（数据由 Techno 团队提供）

图 7.15 显示，从 LED T8 灯对发出的所有光都集中在灯的前方，类似于一个微微修正的三维朗伯体。在沿 Z 轴方向不同的 XY 平面，和沿 X 轴方向不同的 YZ 平

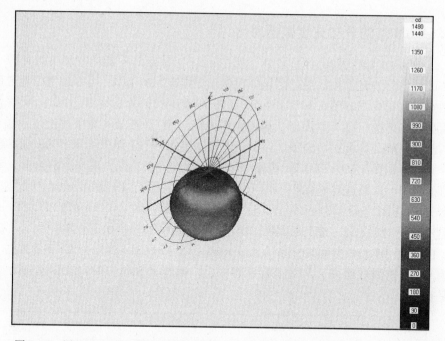

图 7.16　用 RiGO–801 系统测得的 LEDGREEN–T8–S1/S2 灯对的 LID 数据。图中给出了灯的发光强度在 *XYZ* 空间坐标系中的分布，并只在 *XZ* 平面标注了角空间的刻度。和图 7.15 类似，该 LID 轮廓也近似于朗伯体，但 LID 强度高得多、分布也更宽（数据由 Techno 团队提供）

面上，与理想的朗伯体相比较，该近似朗伯体的直径稍有变化。原因是，随着在 *z* 负方向坐标的增加、也就是到光源面距离的增加，由于对称性，和外侧区域相比，两个 T8 灯上的 SMT LED 阵列在中间区域贡献了更大比例的积分光通量。正如所预期的那样，这些描述对于 LEDGREEN–T8–S1/S2 灯对也成立，它们的 LID 数据如图 7.16 所示。在 7.4.1 节所讨论的美国能源部 CALiPER 第 11 轮测试中，对这种 LED 直管替换灯也给出了一致的 LID 图形，虽然那只是对应于单个平面的二维数据。美国能源部的数据像是针对一个垂直面，即等效于图 7.15 所示 *XYZ* 坐标系中 *y* = 0 处的 *YZ* 平面[149]。

　　与这种近似朗伯形状形成对比的是图 7.17 中给出的 LFL–S3/S4 灯对的 LID 数据测量结果。由图可见，和不同 *X* 位置处的 *YZ* 平面相比，不同 *Y* 轴位置处 *XZ* 平面上的横向扩展更宽。建议读者在保持前面讨论的轴方向和平面关系的前提下，通过仔细研究图 7.17 中沿 *X*、*Y*、*Z* 轴的不同截面，全面理解这些讨论，因为和另外两个近似对称的朗伯分布相比，图 7.17 展现出相当的非对称性空间 LID。

　　与 LFL–T8–S3/S4 以及 LED–T8–S1/S2 灯对相比较，LEDGREEN 灯对具有强度更强、角度更宽的 LID。由分布式光度计测得的 LEDGREEN、LEDTRONICS 和 LFL–S3/S4 所发出的总光通量分别为 4226lm、2536lm 和 3740lm。RiGO–801 所给出的 LID 和光通量数据也支持图 7.10 和图 7.11 给出的三种灯对的照度对比数据。

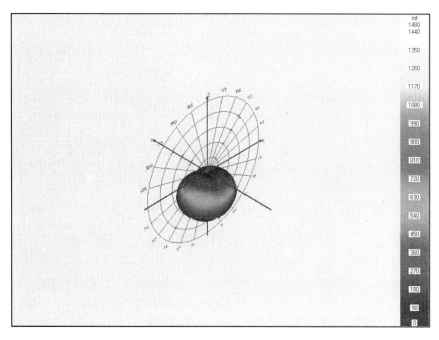

图 7.17　用 RiGO – 801 系统测得的 LFL – T8 – S3/S4 灯对的 LID 数据。图中给出了灯的发光强度在 XYZ 空间坐标系中的分布，单位为 cd；和 YZ 平面上的展宽相比，该 LID 轮廓在 XZ 平面上的展宽更宽（数据由 Techno 团队提供）

这是令人振奋并且有意义的，因为一个灯的空间通量和通量密度量是唯一或明确地和它的发光强度相关联的。

所给出的测量数据显示，在同样的电气输入条件下，与 LED – T8 – S1/S2 及 LFL – S3/S4 灯对相比，LEDGREEN – T8 – S1/S2 灯对在更广的范围内产生强得多的光通量。RiGO 测得的 LEDGREEN、LEDTRONICS 和 LFL 三种灯对的发光效率分别为 96lm/W、74lm/W 和 58lm/W。应该指出的是，在这次的比较中，有些参数是不一致的。这包括 CCT，功率因数，镇流器或灯具的几何设计等，这些都对效率和光通量的分布特性有影响。但这些不一致并不足以改变本研究的结论，即在多个方面，LEDGREEN T8 灯（新泽西的 LEDGREEN 公司生产）的性能优于 LFL 和 LEDTRONIC T8 灯。

尽管前面测量中效率比较低，LFL 的优点是结合合适的灯具或灯架设计，其 LID 可以做得更宽。与此相比，在灯管表面贴装 SMT – LED 灯珠的 LED T8 要实现在更宽的角度内获得更高光通量水平的分布，只能以产生比现在更强的眩光为代价。从图 7.17 可以看出，传统 LFL 的 LID 图显示，光在更宽的角度范围内均匀分布、不聚集，而且结合合适的叶栅设计，角度还可以进一步展宽。图 7.18 给出了一个展宽的例子。这是两个工业级 LFL 的二维 LID 曲线，它们与表 7.4 所示 LFL – S1/S2（见图 7.7 下面的灯架）和 LFL – S3/S4 样品类似，也许用了不同的灯槽设计。

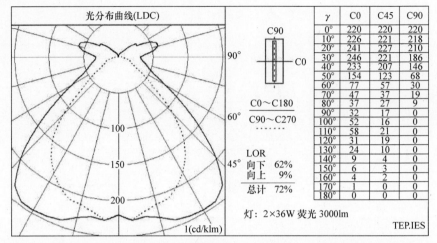

γ	C0	C45	C90
0°	220	220	220
10°	226	221	218
20°	241	227	210
30°	246	221	186
40°	233	207	146
50°	154	123	68
60°	77	57	30
70°	47	37	19
80°	37	27	9
90°	32	17	0
100°	52	16	0
110°	58	21	0
120°	31	19	0
130°	24	10	0
140°	9	4	0
150°	6	3	0
160°	4	2	0
170°	1	0	0
180°	0	0	0

LOR
向下 62%
向上 9%
总计 72%

灯：2×36W 荧光 3000lm

TEP.IES

图 7.18 IES 形式的 LUMCat 数据给出了工业级双荧光灯灯具在极坐标系中的光分布，该灯对的参数与 LFL – T8 – S3/S4 灯对相似。图中分别给出了 C0 ~ C180（实线）和 C90 ~ C270（虚线）平面内的 LID 曲线

数据可以在 LUMCat 的 IES 样本库中找到[150]。图 7.18 是两个正交平面上，归一化的极坐标 LID 曲线。如果沿用图 7.15 中的 *XYZ* 坐标系统，图 7.18 中的实线对应于 $y = 0$ 的 *XZ* 平面内的 LID 曲线；而虚线对应于 $x = 0$ 的 *YZ* 平面内的 LID 曲线。对这个类比，还需要假设灯的方位和图 7.15 ~ 图 7.17 中的 T8 灯管相同；这意味着灯具的中心位于 *XYZ* 坐标系的原点，而 LFL 的长度沿 *Y* 轴方向。由于灯的长度方向平行于 *Y* 轴，预计光在 *XZ* 平面的分布更宽广。

为了在图形表示方面具有相同的标准，我们现在将 LEDGREEN – T8 – S1/S2 灯对的 LID 数据（单位为 cd/klm）绘制在图 7.19 的极坐标系中，就类似于图 7.18 所示的 IES 数据。图 7.19 是用 Techno 团队的三维绘图工具生成的。

毫无疑问，图 7.15 ~ 图 7.17 以及图 7.19 所示的分布光度数据最全面地反映了灯的照明特性。它是灯的发光强度在三维空间的分布，同时给出了位置和角度单位。数据告诉我们，光源表面上许多点上的绝对和相对光通量强度，由此表征出光源的特性。由于这些分布光度数据的获取比较复杂，在进行这些测试时建议遵循以下步骤：

1）根据 LID 的梯度变化规律，为 φ 和 θ 选择合理的角分辨率。对于更精确的 LID，一般建议采用高的角分辨率。

2）在进行 LID 测量之前，进行老化和稳定性测试并记录数据。

3）根据所需要的测试条件设定设备参数，如温度、电流和电压等。

4）根据被测灯的特有的使用条件选择合适的样品位置和对准方位。

5）为样品指定合适的方向，并建立与分布式光度计的 *XYZ* 坐标系之间的关系。

6）为了满足光度学原理，它需要在所选择的角分辨率内发光强度是均匀的，应确保被测光源和探测器（比如，照相机系统）之间的距离至少是光源最大尺寸的 10 倍以上。

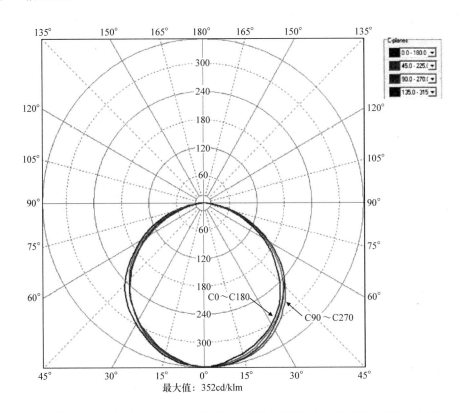

图 7.19　LEDGREEN - T8 - S1/S2 在不同 C 平面上的 LID 数据。表达方式类
似于图 7.18，在那张图中展示的是双灯 LFL 灯具在两个 C 平面上的 LID 数据，其
灯的参数与 LFL - T8 - S3/S4 类似

测试工程师需要注意，由于被测光源样品和照相机系统之间不仅需要保持合适的距离，而且要实现精确的轴向对准，分布式光度测量会相当复杂。只有当几何参数设定和灯的工作条件与前次测量一致时，这种分布式光度数据才能复现。如果由 LID 数据计算总光通量，必须要确定光源具有较均匀的空间光通量分布，没有极度不规则和出乎预料的配光分布存在。对于 LED 灯，角分辨率的选择也许会影响色度数据，因为其颜色特性一般具有更显著的角度依存性。

本节中给出的测量结果证明，对于商用照明，现有的 LED 替换灯尚不足以提供和 LFL 一样有效的照明。总之，这主要是由于 LED 灯珠在管形结构中为平面阵列排布，无法像类似结构尺寸的 LFL 那样产生等效的 LID。由于无效的光通量聚集，这类 LED 替换灯一般在较小的、限定区域内以非渐变的发光强度发光。与此对应，LFL 在灯表面，环绕灯管周围和长度，几乎所有向外辐射的方向都均匀发光，在更宽的范围内产生更高的 LID。因此，针对大房间和大空间，用 LFL 阵列按合适间距安装在天花板上，能实现更加均匀、明亮和自然的照明。由于 LED 技术在快速进步，而在小的单位水平上，其发光效率已经高于 LFL，固体照明工业现在应该将重点转移到通过发明或采用更先进的二次光学及热设计改进光分布特性及照明质量。

7.6　总结

对于我们很多人来说，照明已经成为非常个性化的需求，而且世界上会有越来越多的人会有这种个性化需求。它的能效和质量同等重要。但是，多数情况下，顾客仅用颜色特性来描述照明质量，而许多 LED 从业人员则只强调光效。其实，对于照明质量、安全性以及在端到端系统水平上获得更高的能量效率，光通量分布和适宜的亮度水平也至关重要。

现在，LED 的优势使其适用于信号、显示以及近距离指向性照明，因为其体积小、颗粒状，表面平整，亮度高而且机械性能耐久。不过，这些特性中的许多因素也使它们不适用于高质量、大空间、宽角度照明。单个 LED 灯体积小、亮度高，并且随着光效提高，单个器件的亮度只会更高。

与有机 LED 不同，在可预料的未来，单个或颗粒状 LED 仍将是平面的。只有在各个灯珠之间留有足够间隙，才有可能将其拼接构成更大面积的光源，而这对于产生均匀且宽角度照明是不利的。在许多应用中，光源表面的暗点在被照射平面上产生不均匀照度。现在典型的 LED 灯具设计是将单个 LED 芯片的亮度增加到超常的水平来在距离灯具较远的大平面上产生所需的最低照度。这并不是一个理想的解决方案，因为这同时也将亮度和照度性能增加到超出需要的高水平，产生眩光、耗费能源并且会缩短灯的寿命。

希望本书在技术、理论和实用方面的讨论已经阐述清楚，尽管 LED 灯具有某些优点，但也显然面临挑战。相比之下，现存的照明技术也具有不少缺点。比如，白炽灯非常耗能，而荧光灯在颜色特性、启动时间以及含汞等方面存在缺陷。

显然，我们需要新的以及改进的照明技术。现在环境已经具备，通过照明技术改革，使设计师和用户关注节能，同时理解并且欣赏高质量照明，并由此勾画出一个建设性的远景。全世界有许多人在努力寻找新的照明方案，能够兼顾节能和审美两方面的平衡。本书所给出的设计概念、模拟技术、理论描述、测量方法和结果以及评估均致力于推动 LED 和照明工业专业人员以及学术研究者为用户开发更好的 LED 照明解决方案。

参 考 文 献

1. Sabra, A. I. 1982. *Theories of light from Descartes to Newton.* Cambridge: Cambridge University Press.

2. Huygens, C. 1690. *Traité de la lumiere,* ed. Pieter van der Aa, Chapter 1, Leiden, Netherlands. (Note: In the preface to his *Traité,* Huygens states that in 1678 he first communicated his book to the French Royal Academy of Sciences.)

3. Magie, W. F. 1935. *A source book in physics,* 309. Cambridge, MA: Harvard University Press.

4. Maxwell, J. C. 1865. A dynamical theory of the electromagnetic field. *Journal of Philosophical Transactions of the Royal Society of London* 155:459–512.

5. Kargh, H. December 2000. Max Planck: The reluctant revolutionary, *physicsworld*.com

6. Einstein, A. 1967. On a heuristic viewpoint concerning the production and transformation of light. In *The old quantum theory,* ed. Ter Haar, D. Pergamon. pp. 91–107. Added information (if needed): http://wien.cs.jhu.edu/AnnusMirabilis/AeReserveArticles/eins_lq.pdf (retrieved March 18, 2010).(The chapter is an English translation of Einstein's 1905 paper on the photoelectric effect.)

7. Griffiths, D. J. 2005. *Introduction to quantum mechanics,* 2nd ed. Upper Saddle River, NJ: Pearson, Prentice Hall.

8. Kane, R., and Sell, H. 2001. *Revolution in lamps: A chronicle of 50 years of progress,* 2nd ed., p. 37, Table 2-1. New York: Fairmont Press, Inc. p. 37, Table 2-1.

9. Sharpe, L. T., A. Stockman, A., Jagla, W., and Jägle, H. 2005. A luminous efficiency function, V*(λ), for daylight adaptation. *Journal of Vision* 5 (11): 948–968.

10. IESNA TM-11-00 (*Light trespass: Research, results and recommendations*): Illuminating Engineering Society of North America's (IESNA) document for outdoor lighting recommendations.

11. DiLaura, D., Houser, K., Mistrick, R., and Steffy, G. 2011. *The lighting handbook,* 10th ed. IES (Illuminating Engineering Society of North America).

12. US Environmental Protection Agency. 2012. Test methods: Wastes—hazardous waste. http://www.epa.gov/osw/hazard/testmethods (accessed December 23, 2012).

13. Vestel, L. B. April 9, 2009. The promise of a better light bulb, a blog about energy and the environment in *The New York Times.* http://green.blogs.nytimes.com/2009/04/09/the-promise-of-a-better-light-bulb/ (accessed December 23, 2012).

14. Khan, M. N. February 2011. LEDs marching towards general lighting. LED update column in *Signs of the Times.* Cincinnati, OH: ST Media Group International.

15. Lewin, I. 1999. Visibility factors in outdoor lighting design. *Proceedings of the 1999 Annual Conference of the Institution of Lighting Engineers.* The

Institution of Lighting Engineers: United Kingdom.

16. Lewin, I. 2001. Lamp, color, visibility, safety and security. *Proceedings of Conference Seminar of Lightfair,* Las Vegas, May 30–June 1, 2001.

17. Silverstein, L. D. 2004. Color in electronic displays. *Society for Information Display Seminar Lecture Notes* 2, M-13/3-M-13/63.

18. Hunt, R. W. G. 2004. *The reproduction of color,* 6th ed. West Sussex, England: John Wiley & Sons Ltd.

19. Silverstein, L. D. 2006. Color display technology: From pixels to perception. *IS&T (The Society of Imaging Science and Technology),* vol. 21 (1), *The reporter (the window on imaging).*

20. *Encyclopædia Britannica.* 2009. 2006 Ultimate reference suite DVD: Eye, human. Also can be accessed online from Wikipedia: http://en.wikipedia. org/wiki/Encyclop%C3%A6dia_Britannica_2006_Ultimate_Reference_ Suite_DVD (accessed December 23, 2012).

21. US Department of Energy. 2011. Solid-state lighting: Standards and development for solid-state lighting. http://www1.eere.energy.gov/buildings/ssl/ standards.html (accessed December 23, 2012).

22. Braunstein, R. 1955. Radiative transitions in semiconductors. *Physical Review* 99 (6): 1892.

23. The quartz watch—Inventors. The first LEDs were infrared (invisible). The Lemelson Center. http://invention.smithsonian.org/centerpieces/quartz/ inventors/biard.html (accessed January 5, 2013; retrieved August 13, 2007).

24. Nathan, M. I., W. P. Dumke, G. Burns, F. H. Dill, Jr., and G. Lasher. 1962. Stimulated emission of radiation from GaAs p-n junctions. *Applied Physics Letters* 1 (62). (Nathan's paper was received on October 6, 1962.)

25. Quist, T. M., R. H. Rediker, R. J. Keyes, W. E. Krag, B. Lax, A. L. McWhorter, and H. J. Zeiger. 1962. Semiconductor maser of GaAs. *Applied Physics Letters* 1 (91). (Quist's paper was received October 23, 1962, and in final form on November 5, 1962.)

26. Holonyak, N., Jr., and S. F. Bevacqua. 1962. Coherent (visible) light emission from $Ga(As_{1-x}P_x)$ junctions. *Applied Physics Letters* 1 (82). (Holonyak's paper was received on October 17, 1962.)

27. *The Japan Times Online.* Sept. 20, 2002. Court dismisses inventor's patent claim but will consider reward. http://www.japantimes.co.jp/text/ nn20020920a2.html (assessed on January 4, 2013.)

28. Agrawal, G. P. 2002. *Fiber-optic communication systems,* 3rd ed. New York: John Wiley & Sons.

29. Sze, S. M. 1985. *Semiconductor devices—Physics and technology.* New York: John Wiley & Sons.

30. Wikipedia—The Free Encyclopedia. Millennium technology prize. http:// en.wikipedia.org/wiki/Millennium_Technology_Prize (assessed on January 4, 2013).

31. Dai, Q., Q. Shan, J. Wang, S. Chhajed, J. Cho, E. F. Schubert, M. H. Crawford, D. D. Koleske, M. Kim, and Y. Park. 2010. Carrier recombination mechanisms and efficiency droop in GaInN/GaN light-emitting diodes. *Applied*

Physics Letters 97:133507.

32. Kioupakis, E., P. Rinke, K. T. Delaney, and C. G. Van de Walle. 2011. Indirect Auger recombination as a cause of efficiency droop in nitride light-emitting diodes. *Applied Physics Letters* 98 (16).

33. Piprek, J. 2011. Unified model for the GaN LED efficiency droop. *Proceedings of SPIE 7939, Gallium Nitride Materials and Devices* VI:793916.

34. Flashlight news (press release by Osram Opto Semiconductors). 2010. Laboratory record: New chip platform increases LED efficiency by 30%. http://flashlightnews.org/story2978.shtml (accessed on January 5, 2013).

35. Iso, K., H. Yamada, H. Hirasawa, N. Fellows, M. Saito, K. Fujito, S. P. DenBaars, J. S. Speck, and S. Nakamura. 2007. High brightness blue InGaN/GaN light emitting diode on nonpolar m-plane bulk GaN substrate. *Japanese Journal of Applied Physics* 46 (40): L960–L962.

36. Overton, G. 2012. Bulk GaN substrate project from ARPA-E to be led by Soraa. *Laser Focus World.* http://www.laserfocusworld.com/articles/2012/08/arpa-e-bulk-gan-soraa.html (accessed on January 5, 2013).

37. Naoto, H., R.-J., Xie, and K. Sakuma. 2005. Science links Japan. New SiAION phosphors and white LEDs. *Oyo Butsuri* 74 (11): 1449–1452. http://sciencelinks.jp/j-east/article/200602/000020060205A1031052.php (accessed on January 5, 2013).

38. Montgomery, J. 2012. Solid state technology (insights for electronics manufacturing. Azzurro, Epistar achieve GaN-on-Si on 150 mm. http://www.electroiq.com/articles/sst/2012/10/azzurro-epistar-achieve-gan-on-si-on-150mm.html (accessed on January 5, 2013).

39. Whitaker, T. 2012. Osram Opto unveils R&D results from GaN LEDs grown on silicon. *LEDs Magazine.* http://ledsmagazine.com/news/9/1/19 (accessed on January 5, 2013).

40. Wong, W. S., T. Sands, and N. W. Cheung. 1998. Damage-free separation of GaN films from sapphire substrates. *Applied Physics Letters* 72 (5):599–601.

41. Paschotta, R. 2012. *RP photonics—Encyclopedia of laser physics and technology.* Light-emitting diodes. Last updated on March 21, 2012. http://www.rp-photonics.com/light_emitting_diodes.html (accessed on January 5, 2013).

42. Thurmond, C. D. 1975. The standard thermodynamic functions for the formation of electrons and holes in Ge, Si, GaAs, and GaP. *Journal of Electrochemical Society* 122:1133.

43. Kazempoor, M. 2009. Thermal management of sophisticated LED solutions. *LED Professional Review* May/June (13): 55.

44. Product News Category. 2012. GPD Global's PCD4H dispense pump improves yields for LED manufacturers. *LED Professional Review* 30:22.

45. Application Category. 2012. PCB design for a high end stage light. *LED Professional Review* 30:42.

46. Special Topics Category. 2011. High-brightness LEDs on FR4 laminates. *LED Professional Review* 27:62.

47. Product News Category. 2012. TE connectivity solderless LED socket for

Nichia COB-L series LEDs. *LED Professional Review* 30:20.

48. Application Category. 2012. New approach for a modular LED COB system up to 500 W. *LED Professional Review* (30):38.

49. Neudeck, G. W. 1988. *The PN junction diode.* Upper Saddle River, NJ: Prentice Hall.

50. Rosen, R. 2011. Dimming techniques for switched-mode LED drivers. Texas Instruments (literature no.: SNVA605. http://www.ti.com/lit/an/snva605/snva605.pdf (accessed on January 7, 2013).

51. Product News Category. 2012. Fairchild LED driver for TRIAC-, analog- and nondimming lamp designs. *LED Professional Review* 30:14.

52. RECOM Lighting. DC input LED driver datasheets. http://www.recom-lighting.com/tools/datasheets.html (accessed on January 7, 2013).

53. Renesas News Release (Tokyo, Japan). December 10, 2010. http://www.renesas.com/press/news/2010/news20101210.jsp (accessed January 7, 2013).

54. Peters, L. 2012. Seoul semiconductor president Lee outlines AC-LED potential at SIL 2012. *LEDs Magazine* http://ledsmagazine.com/news/9/2/26 (accessed on January 7, 2013).

55. Kovach, L. D. 1983. *Boundary value problems,* 253. Reading, MA: Addison–Wesley Publishing Company.

56. *Sauna*™—Thermal modeling software from Thermal Solutions Inc. (Ann Arbor, Michigan). http://www.thermalsoftware.com/index.htm (accessed January 7, 2013).

57. Khan, M. N. 2010. How long do LEDs last? Part II: LED update column in *Signs of the Times.* Cincinnati, OH: ST Media Group International.

58. Street light brochure by EOI. SL2 LED street lights deliver excellence to roadway lighting, pp. 6–7. http://www.e-litestar.com/images/brochures/Brochure-SL2-long.pdf (accessed on January 8, 2013).

59. US DOE article, PNNL-SA-50957. 2009. Lifetime of white LEDs. http://apps1.eere.energy.gov/buildings/publications/pdfs/ssl/lifetime_white_leds.pdf (accessed on January 8, 2013).

60. IES—Illuminating Engineering Society 2008. Approved method: Measuring lumen maintenance of LED light sources. http://www.ies.org/store/product/approved-method-measuring-lumen-maintenance-of-led-light-sources-1096.cfm (accessed on January 8, 2013).

61. IES—Illuminating Engineering Society. 2011. Projecting long term lumen maintenance of LED light sources. http://www.ies.org/store/product/projecting-long-term-lumen-maintenance-of-led-light-sources-1253.cfm (accessed on January 8, 2013).

62. Khan, M. N. 2008. LED lighting technology fundamentals and measurement guidelines. *LED Professional Review* 10:14.

63. Nichia Corporation. Specification for white LEDs. Document no. NVSW219AT (cat. no. 110331). http://www.nichia.co.jp/specification/en/product/led/NVSW219A-E.pdf (accessed on January 8, 2013).

64. Schott. High brightness LED light line. http://www.us.schott.com/lightingimaging/english/machinevision/products/led-illumination/high-bright-

ness-led-lightlines.html (accessed on January 8, 2013).

65. LED driver product specification from National Semiconductor (LM3433) (now Texas Instruments). http://www.digikey.com/product-search/en/ integrated-circuits-ics/pmic-led-drivers/2556628?k=LM3433 (accessed on January 7, 2013).

66. Yoshida, T., Kawatani, A., and Shuke, K. SPIE digital library. Novel surface-mount type fiber optic transmitter and receiver. *SPIE Proceedings* http:// proceedings.spiedigitallibrary.org/article.aspx?articleid=919377 (accessed on January 8, 2013).

67. Cox, A. 1946. *Optics: The technique of definition,* 6th ed. Waltham, MA: Focal Press.

68. Walker, J. G., P. C. Y. Chang, and K. I. Hopcraft. 2000. Visibility depth improvement in active polarization imaging in scattering media. *Applied Optics* 39 (27): 4933–4941.

69. Meyer-Arendt, J. R. 1968. Radiometry and photometry: Units and conversion factors. *Applied Optics* 7 (10): 2081.

70. Palmer, J. M., and B. G. Grant. 2010. *The art of radiometry.* Bellingham, WA: SPIE Press.

71. GL Optic Light measurement solutions. http://www.gloptic.com/products/ (accessed on January 9, 2013).

72. Gamma Scientific Light Measurement Solutions. http://www.gamma-sci. com/ (accessed on January 9, 2013).

73. Labsphere—A Halma Company. Spheres and components. http://www. labsphere.com/products/spheres-and-components/default.aspx (accessed on January 9, 2013).

74. Instrument Systems. Integrating spheres—luminous flux measurement for LEDs and lamps. http://www.instrumentsystems.com/products/integrating-spheres/ (accessed on January 9, 2013).

75. Konica Minolta Sensing Americas. Luminance meters. http://sensing.koni-caminolta.us/technologies/luminance-meters/ (accessed on January 9, 2013).

76. Konica Minolta Sensing Americas. CL-500A illuminance spectropho-tometer. http://sensing.konicaminolta.us/products/cl-500-illuminance-spectrophotometer/ (accessed on January 9, 2013).

77. Direct industry catalog search: Complete overview of RiGo goniopho-tometer—Techno Team Bildverarbeitung—#9; http://pdf.directindustry. com/pdf/technoteam-bildverarbeitung/complete-overview-of-rigo-gonio-photometer/63849-128609-_9.html (accessed on January 10, 2013).

78. Direct industry catalog search: LED station MAS 40 turn-key system for LED testing—Instrument systems—#4. http://pdf.directindustry.com/ pdf/instrument-systems/led-station-mas-40-turn-key-system-for-led-testing/57082-68569-_4.html (accessed on January 10, 2013).

79. Bredemeier, K., R. Poschmann, and F. Schmidt. 2007. Development of

luminous objects with measured ray data, Laser + Photonik, pp. 20–24. Web archived by Laser Photonics, EU: http://www.laser-photonics.eu/web/o_archiv.asp?ps=eLP100428&task=03&o_id=20080916104754-145 (accessed on January 10, 2013). Direct link: http://www.laser-photonics.eu/eLP100428

80. XLENT Lighting Software. LUM Cat. http://xlentlightingsoftware.com/lighting-software/lumcat (accessed on January 11, 2013).

81. Schanda, J. 2007. *Colorimetry: Understanding the CIE system.* New York: John Wiley & Sons.

82. Wright, W. D. 1928. A re-determination of the trichromatic coefficients of the spectral colours. *Transactions of the Optical Society* 30 (4): 141–164.

83. Smith, T., and J. Guild. 1931–1932. The C.I.E. colorimetric standards and their use. *Transactions of the Optical Society* 33 (3): 73–134.

84. Fairman, H. S., M. H. Brill, and H. Hemmendinger. 1997. How the CIE 1931 color-matching functions were derived from the Wright–Guild data. *Color Research and Application* 22 (1): 11–23.

85. Fairman, H. S., M. H. Brill, and H. Hemmendinger. 1998. Erratum: How the CIE 1931 color-matching functions were derived from the Wright–Guild data. *Color Research and Application* 23 (4): 259–259.

86. Davis, W., and Y. Ohno. 2010. Color quality scale. *Optical Engineering* 49 (3): 033602.

87. CIE. 1995. Method of measuring and specifying colour rendering properties of light sources. Publication 13.3, Vienna: Commission Internationale de l'Eclairage, ISBN 978-3-900734-57-2. (A verbatim republication of the 1974 second edition. Accompanying disk D008:Computer program to calculate CRIs.

88. Nickerson, D., and Jerome, C. W. 1965. Color rendering of light sources: CIE method of specification and its application, *Illuminating Engineering* (IESNA) 60 (4): 262–271.

89. Guo, X., and K. W. Houser. 2004. A review of color rendering indices and their application to commercial light sources. *Lighting Research and Technology* 36 (3): 183–199.

90. Bodrogi, P. 2004. Colour rendering: Past, present (2004), and future. *CIE Expert Symposium on LED Light Sources,* pp. 10–12. June 7–8, 2004, Tokyo, Japan.

91. Lighting issues in the 1980s. 1979. Summary and proceedings of a lighting roundtable held June 14 and 15, 1979, at the Sheraton Center, New York. Edited by A. I. Rubin, Center for Building Technology, National Engineering Laboratory, National Bureau of Standards, Washington, DC, 20234. (Sponsored in part by IESNA). http://www.getcited.org/pub/102115036 (accessed on January 10, 2013).

92. NIST—National Voluntary Laboratory Accreditation Program; NVLAP energy efficient lighting products LAP. http://www.nist.gov/nvlap/eel-lap.cfm (accessed on January 10, 2013).

93. Jaeggi, W. 2008. Tages Anzeiger. Grosses Lichterlöschen für die Glühbirnen (German). http://www.tagesanzeiger.ch/leben/rat-und-tipps/Grosses-Lichterlschen-fr-die-Glhbirnen/story/25999013 (accessed on January 12, 2013).

94. Australian Government. Department of Climate Change and Energy Efficiency. Lighting—Phase-out of inefficient incandescent light bulbs. http://www.climatechange.gov.au/en/what-you-need-to-know/lighting.aspx (accessed on January 12, 2013).

95. CBC News, British Columbia. 2011. Consumers hoard light bulbs amid B.C. ban. http://www.cbc.ca/news/canada/british-columbia/story/2011/01/25/consumer-incandescent-bulbs578.html (accessed on January 12, 2013).

96. Chandavarkar, P. 2009. Deutsche Welle. Kate Brown: Artists see EU light bulb ban as an aesthetic calamity. http://www.dw.de/artists-see-eu-light-bulb-ban-as-an-aesthetic-calamity/a-4594321-1 (accessed on January 12, 2013).

97. BBC. Switch off for traditional bulbs. http://news.bbc.co.uk/2/hi/uk_news/7016020.stm (accessed on January 12, 2013; last updated on September 27, 2007).

98. Porter, D. 2007. Edison's light bulb could be endangered. *USA Today*. http://usatoday30.usatoday.com/tech/news/2007-02-09-edison-bulb-ban_x.htm?csp=34

99. Associated Press. 2011. Trib live—USWorld. Congress flips dimmer switch on light bulb law. http://triblive.com/x/pittsburghtrib/news/s_772480.html#axzz2Hmiyyi2M (accessed on January 12, 2013).

100. Cardwell, D. 2010. When out to dinner, don't count the watts. *The New York Times*, N.Y/Region Section, written by Diane, June 7, 2010,http://www.nytimes.com/2010/06/08/nyregion/08bulb.html?_r=1 (accessed on January 12, 2013).

101. Blusseau, E., and L. Mottet. 1997. Complex shape headlamps: Eight years of experience (technical paper no. 970901 Society of Automotive Engineers). http://papers.sae.org/970901/ (accessed on January 12, 2013).

102. Sivak, M., T Sato, D. S. Battle, E. C. Traube, and Michael J. Flannagan. 1993. Mirlyn classic, legacy catalog of the University of Michigan Library. In-traffic evaluations of high-intensity discharge headlamps: Overall performance and color appearance of objects. University of Michigan Transportation Research Institute. http://mirlyn-classic.lib.umich.edu/F/?func=direct&doc_number=005512803&local_base=UMTRI_PUB (accessed on January 12, 2013).

103. Automotive lighting. LED in headlamps. http://www.al-lighting.com/lighting/headlamps/led/ (accessed on January 12, 2013).

104. LEDs Magazine. 2007. LED headlamp from Hella to appear on Cadillac. http://ledsmagazine.com/news/4/11/26 (accessed on January 12, 2013).

105. CALiPER Summary Report. 2008, Summary of results: Round 5 of product testing. http://apps1.eere.energy.gov/buildings/publications/pdfs/ssl/caliper_round_5_summary_final.pdf (accessed on January 13, 2013).

106. LED Professional. 2012. Osram offers DSL LED module to refurbish historic street luminaires. http://www.led-professional.com/products/led-modules-

led-light-engines/osram-offers-dsl-led-module-to-refurbish-historic-street-luminaires (accessed on January 13, 2013).

107. The Climate Group. 2012. LED—Lighting the clean revolution. p. 23. http://thecleanrevolution.org/_assets/files/LED_report_web1.pdf (accessed on January 13, 2013).

108. Wright, M. 2012. Northeast Group research shows satisfaction with LED street lights. *LEDs Magazine* http://ledsmagazine.com/news/9/10/26 (accessed on January 13, 2013).

109. Zemax® is a registered trademark of Radiant Zemax LLC, Copyright 1990–2012. www.radiantzemax.com/en/zemax/ (accessed on January 14, 2013).

110. Mitsubishi Electric. Color TFT-LCD modules for industrial use: Super high brightness. http://www.mitsubishielectric.com/bu/tft_lcd/features/shbrightness.html (accessed on January 15, 2013).

111. Swokoski, E. W. 1981. *Calculus with analytic geometry,* 2nd ed., 929–931. Boston, Prindle, Weber, and Schmidt.

112. Cheng, D. K. 1985. *Field and wave electromagnetics,* Reading, MA: Addison–Wesley Publishing Company.

113. Leger, J. R., and G. M. Morris. 1993. Diffractive optics: An introduction to the feature. *Applied Optics* 32:14.

114. Feldman, M. R., W. H. Welch, R. D. Te Kolste, and J. E. Morris. 1996. *IEEE 46th Electronic Components and Technology Conference Proceedings,* 1278-1283.

115. Khajavikhan, M., and J. R. Leger. 2008. Efficient conversion of light from sparse laser arrays into single-lobed far-field using phase structures. *Optics Letters* 33:2377–2379.

116. Minano, J. C., P. Benitez, and A. Santamaria. 2009. Free-form optics for illumination. *Optical Review* 16 (2): 99–102.

117. Hoffman, A. 2011. Tailored optics for LED luminaires—From mass to low volume. LED Professional Symposium, Bregenz, Austria.

118. Wendel, S., J. Kurz, and C. Neumann. 2012. Optimizing nonimaging free-form optics using free-form deformation. *SPIE Proceedings,* vol. 8550, Barcelona, Spain.

119. Khan, M. N. 2013. Light distribution using tapered waveguides in LED-based tubular lamps as replacements for linear fluorescent lamps. US Patent No. 8348467, issued on January 8, 2013.

120. Khan, M. N. 2012. Patent pending. Date of origin: September 21, 2012.

121. Snyder, A. W., and J. D. Love. 1983. *Optical waveguide theory.* New York: Chapman & Hall.

122. Kaminow, I. P., and T. Li. 2002. *Optical fiber telecommunications,* vol. A, 4th edition: Components (optics and photonics). Waltham, MA: Academic Press.

123. Compound semiconductor. September 24, 2012. Remote phosphors yield better light bulbs. http://www.compoundsemiconductor.net/csc/features-details/19735527/Remote-phosphors-yield-better-light-bulb.html (accessed on January 15, 2013).

124. Burns, W. K. 1992. Shaping the digital switch. *IEEE Photonics Technology Letters* 4 (8): 861–883.

125. Khan, M. N., and R. H. Monnard. 2000. Adiabatic Y-branch modulator with negligible chirp. (Issued on May 16, 2000), US Patent 6064788.

126. Khan, M. N., B. I. Miller, E. C. Burrows, and C. A. Burrus. 1999. High-speed digital Y-branch switch/modulator with integrated passive tapers for fiber pigtailing. *Electronics Letters* 35 (11): 894–896.

127. Optiwave Software. OptiBPM by Optiwave Systems, Inc. http://www.optiwave.com/products/bpm_overview.html (accessed on January 15, 2013).

128. Paschotta, R. 2012. *Encyclopedia of laser physics and technology.* Heading: Multimode fibers; subheading: Multimode fibers for optical communications. RP Photonics. http://www.rp-photonics.com/multimode_fibers.html (accessed on January 15, 2013).

129. Koshel, R. J. 2013. *Illumination engineering: Design with nonimaging optics,* Chapter 6, Section 2. Hoboken, NJ: John Wiley & Sons.

130. Information Gatekeepers. 1993. *Plastic optical fiber design manual—Handbook and buyers guide.* Boston: Information Gatekeepers, Inc.

131. B. K. P. Horn. 1970. Shape from shading: A method for obtaining the shape of a smooth opaque object from one view. MIT Project MAC Internal Report TR-79 and MIT AI. Laboratory Technical Report 232.

132. Wald, M. L. 2012. Green—A blog about energy and the environment. A new bid for the 100-watt light bulb market, written. *The New York Times.* http://green.blogs.nytimes.com/2012/11/13/a-new-bid-for-the-100-watt-light-bulb-market/ (accessed on January 17, 2013).

133. Federal Trade Commission. 2013. Billing Code: 6750-01S, 16 CFR Part 305. Disclosures regarding energy consumption and water use of certain home appliances and other products under the Energy Policy and Conservation Act (Appliance Labeling Rule), p. 6, Footnote 11. http://www.ofr.gov/OFRUpload/OFRData/2013-00113_PI.pdf (accessed on January 17, 2013) or Federal Register/vol. 78 (6)/Wednesday, January 9, 2013/Proposed Rules. Page 1780, Footnote 11. http://www.gpo.gov/fdsys/pkg/FR-2013-01-09/pdf/2013-00113.pdf (accessed on January 17, 2013).

134. Hong, T., Kim, H., and Kwak, T. 2012. Energy-saving techniques for reducing CO_2 emissions in elementary schools. Journal of Management in Engineering 28 (1), Special issue: Engineering Management for Sustainable Development, 39–50. Web article in ASCE Library. http://ascelibrary.org/action/showAbstract?page=39&volume=28&issue=1&journalCode=jmenea (accessed on January 17, 2013).

135. IEA (International Energy Agency). 2010. Annex 45, energy efficient electric lighting for buildings. http://www.lightinglab.fi/IEAAnnex45/ (accessed on January 18, 2013).

136. EIA. 2000. Commercial office buildings—How do they use electricity? Release date: September 11; last modified: January 3, 2001. http://www.eia.doe.gov/emeu/consumptionbriefs/cbecs/pbawebsite/office/office_howuseelec.htm) (accessed on January 18, 2013).

137. Osram. 2005. ECG for T5 fluorescent lamps—Technical guideline, p. 6.

http://www.osram.es/_global/pdf/Professional/ECG_%26_LMS/ECG_for_FL_and_CFL/130T015GB.pdf (accessed on January 18, 2013).

138. IEA. 2010. Annex 45 guidebook. Chapter 5: Lighting technologies, table 5-2, p. 97. http://lightinglab.fi/IEAAnnex45/guidebook/5_lighting%20technologies.pdf (accessed on January 18, 2013).

139. LUXADD, Express T5 retrofit kit for T12 with magnetic ballast, copyright 2010–2012 LUXADD LLC. http://www.luxadd.com/index.php/luxadd-double-lamp-express-retrofit-kit-t12-t5.html (accessed on January 18, 2013).

140. US Department of Energy (DOE), Office of Energy Efficiency and Renewable Energy, Federal Energy Management Program. 2000. How to buy energy-efficient fluorescent ballasts. 2000. http://www1.eere.energy.gov/femp/pdfs/ballast.pdf (accessed on January 18, 2013).

141. IES (Illuminating Engineering Society). 2011. Technical memorandum: IES TM-23-11. Lighting control protocols.

142. USITT (United States Institute for Theatre Technology). 2012. DMX512 FAQ. http://www.usitt.org/content.asp?contentid=373 (accessed on January 18, 2013).

143. Tridonic. DSI interface—luxCONTROL lighting control systems. http://www.tridonic.com/com/en/products/386.asp (accessed on January 18, 2013).

144. CALiPER Summary Report. October 2010. Round 11 of product testing. US Department of Energy, p. 3. http://apps1.eere.energy.gov/buildings/publications/pdfs/ssl/caliper_round-11_summary.pdf

145. CALiPER Summary Report June 2011. Round 12 of product testing. US Department of Energy. http://apps1.eere.energy.gov/buildings/publications/pdfs/ssl/caliper_round12_summary.pdf (accessed on January 18, 2013).

146. Khan, M. N. February 2009. Understanding energy efficiency. LED/EDS column in *Signs of the Times*. Cincinnati: ST Media Group International.

147. Irujo, T. 2011. Optical fiber in enterprise applications; OM4—The next generation of multimode fiber. OFS—A Furukawa Company. http://www.ofsoptics.com/resources/OM4-The-Next-Generation-of-MMF.pdf (accessed on January 18, 2013).

148. Young, G. 2010. Scenic America, sign brightness, measuring sign brightness. http://www.scenic.org/storage/documents/EXCERPT_Measuring_Sign_Brightness.pdf (accessed on January 18, 2013).

149. CALiPER Summary Report. Round 11 of product testing. US Department of Energy, pp. 29–30.

150. LUMCat, version 3.5. Copyright 1999/2002 by Xlent. Distributed by Crossman Consulting, Australia.

Understanding LED Illumination/by M. Nisa Khan/ISBN：978 - 1 - 4665 - 0772 - 2.

Copyright © 2014 by Taylor & Francis Group, LLC.

Authorized translation from English language edition published by CRC Press，part of Taylor & Francis Group LLC；All rights reserved；本书原版由 Taylor & Francis 出版集团旗下，CRC 出版公司出版，并经其授权翻译出版。版权所有，侵权必究。

China Machine Press is authorized to publish and distribute exclusively the Chinese（Simplified Characters）language edition. This edition is authorized for sale throughout Mainland of China. No part of the publication may be reproduced or distributed by any means，or stored in a database or retrieval system，without the prior written permission of the publisher. 本书中文简体翻译版授权由机械工业出版社独家出版并限在中国大陆地区销售。未经出版者书面许可，不得以任何方式复制或发行本书的任何部分。

Copies of this book sold without a Taylor & Francis sticker on the cover are unauthorized and illegal. 本书封面贴有 Taylor & Francis 公司防伪标签，无标签者不得销售。

北京市版权局著作权合同登记 图字：01 - 2014 - 4858 号。

图书在版编目（CIP）数据

精通 LED 照明/（美）M. 妮萨·卡恩（M. Nisa Khan）著；郑晓东等译. —北京：机械工业出版社，2017. 10
（电子科学与工程系列图书）
书名原文：Understanding LED Illumination
ISBN 978-7-111-58067-6

Ⅰ.①精… Ⅱ.①M…②郑… Ⅲ.①发光二极管 - 照明设计 Ⅳ.①TN383.02

中国版本图书馆 CIP 数据核字（2017）第 232943 号

机械工业出版社（北京市百万庄大街22 号 邮政编码100037）
策划编辑：刘星宁 责任编辑：刘星宁
责任校对：张 薇 封面设计：马精明
责任印制：常天培
北京圣夫亚美印刷有限公司印刷
2017 年 11 月第 1 版第 1 次印刷
169mm×239mm·13 印张·251 千字
0001—3000 册
标准书号：ISBN 978 - 7 - 111 - 58067 - 6
定价：69.00元

凡购本书，如有缺页、倒页、脱页，由本社发行部调换

电话服务 网络服务
服务咨询热线：010 - 88361066 机工官网：www. cmpbook. com
读者购书热线：010 - 68326294 机工官博：weibo. com/cmp1952
010 - 88379203 金书网：www. golden - book. com
封面无防伪标均为盗版 教育服务网：www. cmpedu. com